ITALIENISCHE MOTORRÄDER

MOTORRADLEGENDEN DER 70ER

Frank Rönicke

Motor buch Verlag

Einbandgestaltung: Luis dos Santos

Abbildungen: Archiv Frank Rönicke, Hersteller, bike-urious.com, Husky Restorations, Jürgen Gassebner, Silodrome, Archiv Motorpresse, Audi AG, El Caganer, Bikepics, Sammlung Kuch, Beademung, Coco Bliss, Luca Mass, ec.classic.com, Bello Moto, Serge PIOTIN aka Sergio, Mr. Choppers, Bob Adams, Gregor Ter Heide, Ken Aldham, Lankyrider, Phil Aynsley – Motorcycle News, Lucarelli, Klaus Nahr, Joachim Köhler, Jay Cross, Stuttgarter Motorradarchiv, Curzio Bruni

ISBN: 978-3-613-04554-5

1. Auflage 2023

Sie finden uns im Internet unter www.motorbuch-verlag.de

Lektorat: Joachim Kuch
Innengestaltung: tebitron gmbh, Gerlingen
Druck und Bindung: Conzella, 85609 Aschheim-Dornach,
Printed in Germany

Inhalt

Vorwort

Die italienische Motorradproduktion der Jahre 1970 bis 1979 war ein echtes Phänomen und eine Ausnahme im internationalen Motorradbau. Während traditionelle Motorradnationen – allen voran England und Deutschland – nach 1954 im stetigen Niedergang begriffen und in den 70ern nur noch Randnotizen auf dem internationalen Markt waren, konterte Italien mit einer Vielzahl – meist kleiner – Hersteller, die zumindest versuchten, den stetig aufstrebenden Japanern Paroli zu bieten. 28 Hersteller konnte ich zusammentragen, die rund 400 Motorradmodelle mit mindestens 125 cm^3 Hubraum in dieser Zeit zum Kauf anboten, also wenigstens in Kleinserie fertigten. Für Vollständigkeit kann dabei keine Gewähr übernommen werden.

Freilich ist ein großer Teil dieser Maschinen, mit Einzylinder-Zweitaktmotoren bestückt, dem Offroad-Bereich mit mehr oder weniger wettbewerbstauglichen Konzepten zuzuordnen. Und zweifelsohne machten hervorragende Exportbeziehungen in die USA – neben der Motorsportbegeisterung im eigenen Land – die Produktion solcher Maschinen in größeren Stückzahlen möglich. Dennoch sind der Mut und die unternehmerische Leistung vieler dieser kleinen Hersteller ausdrücklich zu würdigen. Heute sind die meisten davon in Vergessenheit geraten, wogegen die Maschinen der großen Marken dieser Zeit heute zu den gesuchtesten Motorradoldies gehören und echte Kultklassiker geworden sind. Aber auch Ducati, Moto Guzzi, Laverda oder Benelli hatten ihre Krisen, konnten nur mit staatlicher Unterstützung oder durch Fusionen überleben. Am Ende der 70er und Anfang der 80er Jahre, als der internationale Motorradmarkt erneut in eine Krise geriet, trennte sich auch in Italien die Spreu vom Weizen: Viele kleine Hersteller mussten aufgeben, während die ehemals großen Marken schrumpften und deren Modelle – wie eigentlich auch schon zuvor – nur noch für Individualisten von Interesse waren.

Die nachfolgende Auflistung erfasst nur Motorräder ab 125 cm^3 Hubraum, die zu dieser Zeit immer noch als vollwertige Motorräder galten. Ein Großteil der Abbildungen sind originale Werksaufnahmen, von denen wiederum – der Zeit geschuldet – viele in Schwarz-Weiß gehalten sind.

Ich bedanke mich bei den vielen Fotografen, die ihre Aufnahmen beisteuerten und bei Michaela Hesslinger für die Unterstützung bei der Textgestaltung.

Frank Rönicke

Kapitel 1
Aermacchi

Die Gebrüder Giovanni und Agostino Macchi bauten in der zweiten Hälfte des 19. Jahrhunderts Kutschen. Auch ihre Nachkommen blieben dem Straßenverkehr verbunden: Giovanni, Giuseppe, Enrico und Giulio Macchi gründeten am 19. Juni 1905 die Aktiengesellschaft Società Anonima Fratelli Macchi. Das Unternehmen war zunächst vorwiegend im Eisenbahnbau aktiv.

Giulio Macchi gründete am 1. Mai 1913 in Varese bei Mailand die Firma Aeronautica Macchi, die während des Ersten Weltkriegs spezialisierte Flugboote und Landflugzeuge herstellte. Im Zweiten Weltkrieg kamen Kampfflugzeuge dazu und Mitte der 1950er Jahre mit der Aermacchi MB 326 der erste Düsenjet als Schulflugzeug.

1948 begann Giulio Macchi in einem Zweigwerk in Mailand mit der Produktion von Motorrädern. Erstes Modell war ein einfacher Typ mit einem 123-cm³-Zweitaktmotor, dem bald neue Maschinen mit OHV-Motoren folgten. Am bekanntesten waren in Deutschland die Modelle mit liegendem Einzylindermotor mit 175 cm³ oder 250 cm³. Mit den gleichen Motoren wurden auch die Modelle Chimera 175 und Chimera 250 hergestellt, die zusätzlich eine Vollverkleidung für den Motor hatten. Im April 1960 kaufte Harley Davidson auf der Suche nach sportlichen Maschinen mit kleinen Hubräumen 50 Prozent der Firma, woraufhin eine strikte Trennung von Motorrad- und Flugzeugbau erfolgte. Auf Basis der 1957 auf den italienischen Markt gekommenen »Ala Verde«, die bei Harley dann »Sprint« getauft wurde, erschienen bis 1974 350er Viertaktmaschinen in zwei verschiedenen Ausführungen. Wesentlich mehr Platz nahmen die Zweitakter ein, die von 50 bis 250 cm³ in gleich sieben Hubraumklassen gebaut wurden.

> 1973 erhielt die SS 350 noch einen Doppelschleifen-Rahmen und einen Elektrostarter. Die Verkaufszahlen der Viertaktmaschine blieben hinter den Erwartungen zurück, weshalb 1974 die Fertigung eingestellt wurde.

> Aermacchi – Harley Davidson 350 GTS oder GT Sprint nannte sich die erste »Ala Verde« mit 350 cm³ in Europa. In den USA war es die SS 350, was für »Street Scrambler« stand. Der Motor mit Vierganggetriebe saß in einem Rückgrat-Pressstahlrahmen.

Ende 1972 übernahm Harley Davidson, inzwischen selbst zum AMF-Konzern gehörend, die restlichen 50 Prozent an Aermacchi, mit der Folge, dass die Maschinen ab dem 73er Modellprogramm nur noch AMF-Harley-Davidson hießen. Ein echter Erfolg wurde die ganze Sache für keine Seite, sieht man einmal davon ab, dass Walter Villa 1973 und 1974 Motorradweltmeister in der 250-cm²-Klasse mit einer zweitaktenden Aermacchi wurde. 1978 wurde das Werk an Cagiva verkauft. Die Harley-Davidson-Modelle SS 250 und SST 250, beide mit Einzylinder-Zweitaktmotor, waren zu dieser Zeit die letzten verbliebenen Aermacchi-Maschinen der US-Marke.

Die Daten in den Tabellen orientieren sich an den Typenbezeichnungen in den USA. In Europa waren bis 1972 andere Modellnamen und teilweise auch abweichende Leistungsdaten angegeben worden.

Die Aermacchi Viertaktmodelle im Überblick

Sprint 350 SS	1969–1972	14.363 Stück
1-Zyl.-4-Takt ohv	344 cm³	25 PS / 7000 U/min
Sprint 350 SS	**1973–1974**	**6.637 Stück**
1-Zyl.-4-Takt ohv	344 cm³	27 PS / 7200 U/min
Sprint 350 SX	**1971–1972**	**6.445 Stück**
1-Zyl.-4-Takt ohv	344 cm³	25 PS / 7000 U/min
Sprint 350 SX	**1973–1974**	**4.516 Stück**
1-Zyl.-4-Takt ohv	344 cm³	27 PS / 7200 U/min

> Aermacchi 350 T.V. nannte sich 1971 dieses Modell mit dem bauchigen Tank in Europa. Für die amerikanische SS-350-Ausführung gab es den »Peanut-Tank«. Auf Faltenbälge an der Telegabel wurde inzwischen verzichtet und das geänderte Triebwerk mit Fünfganggetriebe leistete hierzulande 29 PS bei 7500 U/min.

> Eine Sprint SX 350 von 1971. Das gesamte Erscheinungsbild mit dem »Peanut-Tank«, der kurzen Sitzbank und der fast an einen Bobber erinnernden Bereifung, war auf den US-amerikanischen Markt fixiert. (Foto: bike-urious.com)

> Die SX 350 von 1974, jetzt auch mit dem Doppelschleifen-Rahmen. 26 PS, 160 kg und 145 km/h Höchstgeschwindigkeit waren einige europäische Leistungsdaten.

Die Aermacchi Zweitaktmodelle mit 125 cm³ im Überblick

MLS-125	1970–1972	15.259 Stück
1-Zyl.-2-Takt	123 cm³	12,5 PS / 7200 U/min
TX-125	**1973**	**9.225 Stück**
1-Zyl.-2-Takt	123 cm³	11 PS / 7200 U/min
SX-125	**1974–1975**	**4.000 Stück**
1-Zyl.-2-Takt	123 cm³	13,5 PS / 7800 U/min
SXT-125	**1975–1977**	**8.604 Stück**
1-Zyl.-2-Takt	123 cm³	13 PS / 7000 U/min
SS-125	**1976–1977**	**2.048 Stück**
1-Zyl.-2-Takt	123 cm³	13 PS / 7000 U/min

> Für den europäischen und amerikanischen Markt: Aermacchi Aletta Scrambler 125 von 1970. 10,2 PS bei 6750 U/min, Vierganggetriebe, Rückgratrohrrahmen. Die 95 kg leichte Maschine war 100 km/h schnell.

> Ein echter Sportler: Die Aermacchi 125 RC in Geländesport-Ausführung mit 21-Zoll-Vorderrad und fettem 18er Schlappen hinten war mit 15,5 PS bei 8000 U/min angegeben. Dafür war der Motor mit 4,5 l/100 km auch recht durstig.

> »Ala Oro« nannte man bei Aermacchi die Production-Racer, die es noch zu Beginn der 70er Jahre in Kleinserie, sowohl als 125er Zweitakter wie auch als Viertakter mit dem von der Sprint abgeleiteten Einzylinder-Motor mit 250 und 350 cm³ gab.

> Aremacchi 125 De Luxe war die europäische Bezeichnung dieser reinen Straßenmaschine der Jahre 1971/72. 10,5 PS bei 7000 Umdrehungen standen jetzt zu Buche. 100 kg waren 110 km/h schnell.

> Die Harley Davidson TX 125 von 1973. Rückgratrohrrahmen mit doppeltem Unterzug, Frischölschmierung, Fünfganggetriebe und jetzt nur noch mit 19-Zoll-Vorderrad. Die hinteren Federbeine waren dreifach verstellbar, dennoch war die Maschine nur noch bedingt geländetauglich.

> Schon 1974 löste die SX 125 das TX-Modell ab. Ein völlig neu konstruierter Leichtmetall-Motor mit verchromter Kolbenlauffläche war das herausragende Merkmal. Optisch und technisch hatte sich ansonsten wenig verändert.

> Die Harley Davidson SS 125 als softe und preiswerte Straßenmaschine sollte 1976 den Abwärtstrend der SX-Verkaufszahlen stoppen. Mit nicht einmal 500 verkauften Exemplaren im Jahre 1977 war dieser Plan eindeutig fehlgeschlagen.

AMF Harley-Davidson

> Harley Davidson SX 175 von 1975. Wie zuletzt bei den 125ern mit Doppelschleifen-Rahmen, dem Leichtmetall-Motor und vielen Goodies, die die 17 PS starke Maschine tatsächlich geländetauglich machten. 12-Volt-Anlage und Fünfganggetriebe waren inzwischen selbstverständlich.

Die Aermacchi Zweitaktmodelle mit 175 und 250 cm³ im Überblick

SX-175	1974–1976	12.112 Stück
1-Zyl.-2-Takt	174 cm³	17 PS / 6750 U/min
SS-175	**1976–1977**	**1.571 Stück**
1-Zyl.-2-Takt	174 cm³	17 PS / 6750 U/min
SS-250	**1975–1978**	**6.311 Stück (mit SST)**
1-Zyl.-2-Takt	243 cm³	20 PS / 7000 U/min
SST-250	**1976–1978**	**6.311 Stück (mit SS)**
1-Zyl.-2-Takt	243 cm³	20 PS / 7000 U/min
SX-250	**1975–1977**	**14.683 Stück**
1-Zyl.-2-Takt	243 cm³	20 PS / 7000 U/min

> Die in der Motorrad-WM erfolgreichen Zweitakter von Aermacchi-Harley-Davidson versuchten die Hersteller weiterhin mit dem Angebot von Kleinserien-Rennmaschinen zu vermarkten. 1973 leistete diese 250er Zweizylindermaschine gute 50 PS bei 11400 U/min. Elektronikzündung, Sechsganggetriebe und 240 km/h waren einige technische Daten.

> Harley Davidson SS 175, die Straßenversion der Enduro, wurde nur 1976 und 1977 angeboten, blieb aber ein Ladenhüter. Einfache Einzylinder-Zweitaktmaschinen für die Straße waren in der zweiten Hälfte der 70er Jahre nicht mehr gefragt.

> Nach dem Ende der Einzylinder-Viertaktmaschinen übernahmen neue Zweitakter mit 250 cm³ deren Rolle ab 1975. Dabei lief es für die SX 250 anfänglich recht gut, aber 1977 waren es schon nur noch 558 Maschinen, die gebaut und am Ende mit großzügigen Rabatten an den Kunden gebracht wurden.

> Die letzte, bis 1978 in Italien gebaute Harley Davidson war die SS 250 oder SST 250 mit Scheibenbremse am Vorderrad. Die Detailaufnahme zeigt den Doppelschleifen-Rohrrahmen und den Leichtmetall-Zylinder mit Schwingungsdämpfern an den Kühlrippen.

Jahr	1969–1972	1973–1974	1971–1972	1973–1974
Modell	Sprint 350 SS	Sprint 350 SS	Sprint 350 SX	Sprint 350 SX
Motor				
Hubraum (cm³)	344	344	344	344
Zylinder	1	1	1	1
Bohrung x Hub (mm)	74 x 80	74 x 80	74 x 80	74 x 80
Arbeitsweise	Viertakt	Viertakt	Viertakt	Viertakt
Steuerung	ohv	ohv	ohv	ohv
Gemischaufbereitung	Dellorto Ø 27	Dellorto Ø 30	Dellorto Ø 27	Dellorto Ø 30
Ventile/Zylinder	2	2	2	2
Verdichtung	9,0:1	9,0:1	9,0:1	9,0:1
Kühlung	Luft	Luft	Luft	Luft
Leistung (PS bei U/min)	25/7000	27/7200	27/7200	27/7200
Batterie (V/Ah)	6/12	6/12	6/12	6/12
Kraftübertragung				
Anz. Gänge	4	5	4	5
Übersetzung direkter Gang	2,91	2,78	2,91	2,78
Hinterradantrieb	Kette	Kette	Kette	Kette
Starter	Kick	Elektro	Kick	Elektro
Fahrwerk				
Rahmen	Brückenrahmen	Brückenrahmen	Brückenrahmen	Brückenrahmen
Vorderradfederung	Telegabel	Telegabel	Telegabel	Telegabel
Hinterradfederung	Schwinge mit hydr. ged. Federbeinen	Schwinge mit hydr. ged. Federbeinen	Schwinge mit hydr. ged. Federbeinen	Schwinge mit hydr. ged. Federbeinen
Vorderradbremse	Trommel 180 mm	Trommel 180 mm	Trommel 180 mm	Trommel 180 mm
Hinterradbremse	Trommel 180 mm	Trommel 180 mm	Trommel 180 mm	Trommel 180 mm
Vorderradreifen	3.25-19	3.25-19	3.50-19	3.50-19
Hinterradreifen	3.50-18	3.50-18	4.00-18	4.00-18
Allgemeine Daten				
Radstand (mm)	1.365-1.425	1.365	1365	1365
Leergewicht (kg)	150	150	145	145
Tankinhalt (l)	9,8	9,8	9,8	9,8
Höchstgeschw. (km/h)	145	145	130	130
Stückzahlen	14.363	6.637	6.445	4.516

Jahr	1970–1972	1973	1974–1975	1975–1977	1976–1977
Modell	MLS-125	TX-125	SX-125	SXT-125	SS-125
Motor					
Hubraum (cm³)	123	123	123	123	123
Zylinder	1	1	1	1	1
Bohrung x Hub (mm)	56 x 50	56 x 50	56 x 50	56 x 50	56 x 50
Arbeitsweise	Zweitakt	Zweitakt	Zweitakt	Zweitakt	Zweitakt
Steuerung	Schlitz	Schlitz	Schlitz	Schlitz	Schlitz
Gemischaufbereitung	Dellorto Ø 24	Dellorto Ø 27	Dellorto Ø 27	Dellorto Ø 27	Dellorto Ø 27
Ventile/Zylinder	0	0	0	0	0
Verdichtung	7,65:1	8,7:1	10,7:1	10,8:1	10,8:1
Kühlung	Luft	Luft	Luft	Luft	Luft
Leistung (PS bei U/min)	12,5/7200	11/7200	13,5/7800	13/7000	13/7000
Batterie (V/Ah)	6/8	12/k.A.	12/k. A.	12/k.A.	12/k. A.
Kraftübertragung					
Anz. Gänge	4	5	5	5	5

Weiter auf nächster Seite >

Hinterradantrieb	Kette	Kette	Kette	Kette	Kette
Starter	Kick	Kick	Kick	Kick	Kick
Fahrwerk					
Rahmen	Brückenrahmen	Schleifenrahmen mit Unterzug	Schleifenrahmen mit Unterzug	Einrohrrahmen	Einrohrrahmen
Vorderradfederung	Telegabel	Telegabel	Telegabel	Telegabel	Telegabel
Hinterradfederung	Schwinge mit hydr. ged. Federbeinen	Schwinge mit hydr. ged. Federbeinen	Schwinge mit hydr. ged. Federbeinen	Schwinge mit hydr. ged. Federbeinen	Schwinge mit hydr. ged. Federbeinen
Vorderradbremse	Trommel 135 mm	Trommel 130 mm	Trommel 130 mm	Trommel 135 mm	Trommel 135 mm
Hinterradbremse	Trommel 135 mm	Trommel 130 mm	Trommel 130 mm	Trommel 135 mm	Trommel 135 mm
Vorderradreifen	3.00-18 o. 3.50-19	3.00-19	3.00-19	3.00-19	3.00-19
Hinterradreifen	3.50-18 o. 3.50.19	3.50-18	3.50-18	3.50-18	3.50-19
Allgemeine Daten					
Radstand (mm)	1.242	1.245	1.354	1.354	1.354
Leergewicht (kg)	95	105	105	110	110
Tankinhalt (l)	9,1	9,1	9,1	10,5	10,5
Höchstgeschw. (km/h)	120	112	121	104	104
Stückzahl	15.259	9.225	4.000	8.604	2.048

Jahr	1974–1976	1976–1977	1975–1978	1976–1978	1976–1978
Modell	SX-175	SS-175	SS-250	SST-250	SX-250
Motor					
Hubraum (cm³)	174	174	243	243	243
Zylinder	1	1	1		
Bohrung x Hub (mm)	61 x 59,6	61 x 59,6	72 x 59,6	72 x 59,6	72 x 59,6
Arbeitsweise	Zweitakt	Zweitakt	Zweitakt	Zweitakt	Zweitakt
Steuerung	Schlitz	Schlitz	Schlitz	Schlitz	Schlitz
Gemischaufbereitung	Dellorto Ø 27	Dellorto Ø 27	Dellorto Ø 32	Dellorto Ø 32	Dellorto Ø 32
Ventile/Zylinder	0	0	0	0	0
Verdichtung	10,67:1	10,67:1	10,3:1	10,3:1	10,3:1
Kühlung	Luft	Luft	Luft	Luft	Luft
Leistung (PS bei U/min)	17/6750	17/6750	20/7000	20/7000	20/7000
Batterie (V/Ah)	12/ k. A.	12/K. A.	12/k. A.	12/k. A.	12/k. A.
Kraftübertragung					
Anz. Gänge	5	5	5	5	5
Hinterradantrieb	Kette	Kette	Kette	Kette	Kette
Starter	Kick	Kick	Kick	Kick	Kick
Fahrwerk					
Rahmen	Doppelschleifen-Rahmen	Doppelschleifen-Rahmen	Doppelschleifen-Rahmen	Doppelschleifen-Rahmen	Doppelschleifen-Rahmen
Vorderradfederung	Telegabel	Telegabel	Telegabel	Telegabel	Telegabel
Hinterradfederung	Schwinge mit hydr. ged. Federbeinen	Schwinge mit hydr. ged. Federbeinen	Schwinge mit hydr. ged. Federbeinen	Schwinge mit hydr. ged. Federbeinen	Schwinge mit hydr. ged. Federbeinen
Vorderradbremse	Trommel 135 mm	Trommel 135 mm	Trommel 140 mm	Scheibe 227 mm	Trommel 140 mm
Hinterradbremse	Trommel 135 mm	Trommel 135 mm	Trommel 140 mm	Trommel 140 mm	Trommel 140 mm
Vorderradreifen	3.00-19	3.25-19	3.25-19	3.25-19	3.00-21
Hinterradreifen	3.50-18	4.00-18	4.00-18	4.00-18	4.00-18
Allgemeine Daten					
Radstand (mm)	1.366	1.419	1.419	1.419	1.366
Leergewicht (kg)	120	125	125	125	130
Tankinhalt (l)	10,5	10,5	10,5	10,5	10,5
Höchstgeschw. (km/h)	111	111	121	121	114
Stückzahl	12.112	1.571	6.311 (mit SST)	6.311 (mit SS)	14.683

Kapitel 2
Ancillotti

Ein altes Florentiner Familienunternehmen gründete 1967 die Firma Costruzioni Moto G. Ancillotti und produzierte in den Jahren bis 1985 anfangs in Florenz, seit 1973 in Sambuca Val di Pesa, leichte Zweitakt-Motorräder für die Geländedisziplinen Enduro, Moto Cross und Trial.

In die selbst entwickelten Fahrwerke wurden anfangs Zweitaktmotoren von Beta Motor, später von Fichtel & Sachs, Hiro Motori, Minarelli und Morini eingesetzt.

In den 1970er Jahren wurden mehrere italienische Meistertitel im Geländesport mit Ancillotti-Motorrädern errungen. Neben den dafür hochgerüsteten Werkssportlern bot Ancillotti stets auch frei verkäufliche Replicas mit 50, 125 und 250 cm³ an.

Die Ancillotti-Modelle mit 125 cm³ im Überblick

Scarab 125 Cross	**1970–1973**	
1-Zyl.-2-Takt	123 cm³	22 PS / 9200 U/min
Scarab 125 Regolarità	**1970–1973**	
1-Zyl.-2-Takt	123 cm³	18,5 PS / 8500 U/min
Scarab CR 125	**1973–1975**	
1-Zyl.-2-Takt	123 cm³	22,5 PS / 9200 U/min
Scarab 125 Regolarità	**1973–1975**	
1-Zyl.-2-Takt	123 cm³	20,5 PS / 8500 U/min
Scarab CR 125 Cross	**1975–1978**	
1-Zyl.-2-Takt	123 cm³	24 PS / 9500 U/min
Scarab C 125	**1975–1976**	
1-Zyl.-2-Takt	123 cm³	19 PS / 8800 U/min
Scarab CR 125 GS	**1977–197**	
1-Zyl.-2-Takt	123 cm³	24 PS / 9500 U/min
Scarab CRH 125 Cross	**1977–1979**	
1-Zyl.-2-Takt	123 cm³	24 PS / 10200 U/min
Scarab CRH 125 GS	**1977–1979**	
1-Zyl.-2-Takt	123 cm³	22 PS / 8000 U/min
CT 125	**1978–1979**	
1-Zyl.-2-Takt	123 cm³	10 PS / 6500 U/min

> In den 1970er Jahren gewann Ancillotti eine ganze Reihe von italienischen Meisterschaften im Moto Cross, wie hier Tomaso Lolli 1974 in der Klasse Junior 125.

> Die Scarab 125 Cross in der Version von 1971 mit Sachs-Motor, Fünfganggetriebe, Doppelschleifen-Rohrrahmen, Ceriani-Federelementen vorn und hinten, 8-Liter-Tank und einem Kampfgewicht von 95 kg.

> Ein Jahr später war die Optik des Achtelliter-Crossers ein wenig geändert, der Tank war auf 7,5 Liter geschrumpft, das Gewicht auf 90 kg. Mit Schalldämpfer und Beleuchtungsanlage gab es die Cross-Maschinen auch als straßentaugliche Enduros.

> In neuer Optik, Sechsganggetriebe und einem halben PS (22,5) mehr Leistung wurde der 125er Crosser von Ancillotti 1973 angeboten. Mit nur noch 78 kg war die Maschine international absolut konkurrenzfähig.

> Immer noch vom Fichtel & Sachs-Motor – jetzt mit 24 PS – angetrieben, erschien das neue 76er Cross-Modell Scarab CR 125 in nur leicht überarbeitetem Design und technisch ebenso moderat verbessert.

> Scarab C 125 nannte sich 1976 die von der Cross-Maschine abgeleitete Enduro, die in Italien auch als »Sixdays-Replica« angeboten wurde. Beide Modelle hatten Marzocchi-Federelemente, die hinteren Federbeine waren sechsfach verstellbar.

> Das 1977er Modell der Ancillotti Scarab 125 hatte sich technisch gegenüber dem Vorjahresmodell kaum geändert, optisch machte sie jetzt einen kompakteren Eindruck.

> 1977 führte Ancillotti, wie auch andere Hersteller, die Triebwerke von Hiro Motori aus Italien ein. Im Bild das Modell CRH 125 Cross. Gegenüber dem Sachs-Motor blieben die Leistungsdaten nahezu unverändert.

> 1978 brachte Ancillotti auch noch eine konkurrenzfähige Trial-Maschine mit Einzylinder-Franco Morini-Zweitaktmotor heraus. Der CT 125 reichten 10 PS und ein Fünfganggetriebe für diesen speziellen Sporteinsatz.

> Die Ancillotti CRH 125 Cross der Jahre 1978/79, mit neuem Fahrwerk, erkennbar an den weiter in Richtung Schwingendrehpunkt gewanderten Federbeinen.

Die Ancillotti-Modelle mit 250 cm³ im Überblick

Scarab CR 250 Cross	1976–1977	
1-Zyl.-2-Takt	123 cm³	32 PS / 8000 U/min
CRH 250 Cross	**1978–1979**	
1-Zyl.-2-Takt	123 cm³	36 PS / 9200 U/min
FH 250 Cross	**1978–1979**	
1-Zyl.-2-Takt	123 cm³	36 PS / 9200 U/min

> 1976 brachte Ancillotti auch erstmals eine käufliche 250er Cross-Maschine auf den europäischen Markt. Die Scarab CR 250 Cross war mit dem bei Fichtel & Sachs gerade neu entwickelten Siebengang-Zweitaktmotor mit 32 PS bestückt.

> Mit dem gleichen Fahrwerk und dem gleichen Motor (auf 32 PS reduziert) wie die CRH bot Ancillotti 1978 auch eine 250er Wettbewerbsenduro an. Die FH 250 wog wegen Lampen und Schalldämpfer mit 92 kg drei Kilogramm mehr als der Crosser.

> Für das Modelljahr 1978 ging Ancillotti auch bei den 250er Cross-Maschinen zum Hiro-Motor über. Der hatte in der CRH 250 wieder sechs Gänge, leistete aber 36 PS und war preiswerter einzukaufen als das deutsche Triebwerk.

Jahr	1970–1973	1970–1973	1973–1975	1973–1975	1975–1978
Modell	Scarab 125 Cross	Scarab 125 Regolaritá	Scarab CR 125	Scarab 125 Regolaritá	Scarab CR 125 Cross
Motor					
Hubraum (cm³)	123	123	123	123	123
Zylinder	1	1	1	1	1
Bohrung x Hub (mm)	54 x 54	54 x 54	54 x 54	54 x 54	54 x 54
Arbeitsweise	Zweitakt	Zweitakt	Zweitakt	Zweitakt	Zweitakt
Steuerung	Schlitz	Schlitz	Schlitz	Schlitz	Schlitz
Gemischaufbereitung	Dellorto Ø 30	Dellorto Ø 29	Dellorto Ø 30	Bing Ø 27	Bing Ø 34
Ventile/Zylinder	0	0	0	0	0
Verdichtung	14:1	12,5:1	12:1	12:1	11,5:1
Kühlung	Luft	Luft	Luft	Luft	Luft
Zündung	kontaktlos, Thyristor	Schwunglicht-Magnetzündung	kontaktlos, Thyristor	kontaktlos, Thyristor	kontaktlos, Thyristor
Leistung (PS bei U/min)	22/9200	18,5/8500	22,5/9200	18,5/8500	24/9500
Kraftübertragung					
Anz. Gänge	5 (ab 72 6)	5 (ab 72 6)	6	6	6
Kupplung	Mehrscheiben im Ölbad	Mehrscheiben im Ölbad	Mehrscheiben im Ölbad	Mehrscheiben im Ölbad	Mehrscheiben im Ölbad
Hinterradantrieb	Kette	Kette	Kette	Kette	Kette
Starter	Kick	Kick	Kick	Kick	Kick
Fahrwerk					
Rahmen	Doppelschleifen-Rohrrahmen	Doppelschleifen-Rohrrahmen	Doppelschleifen-Rohrrahmen	Doppelschleifen-Rohrrahmen	Doppelschleifen-Rohrrahmen
Vorderradfederung	hydr. ged. Telegabel	hydr. ged. Telegabel	hydr. ged. Telegabel	hydr. ged. Telegabel	hydr. ged. Telegabel
Hinterradfederung	Schwinge mit hydr. ged. Federbeinen	Schwinge mit hydr. ged. Federbeinen	Schwinge mit hydr. ged. Federbeinen	Schwinge mit hydr. ged. Federbeinen	Schwinge mit hydr. ged. Federbeinen
Vorderradbremse	Trommel 136 mm	Trommel 136 mm	Trommel 135 mm	Trommel 135 mm	Trommel 135 mm
Hinterradbremse	Trommel 155 mm	Trommel 155 mm	Trommel 160 mm	Trommel 160 mm	Trommel 160 mm
Vorderradreifen	2.75-21	3.00-21	3.00-21	3.00-21	3.00-21
Hinterradreifen	3.50-18	3.50-18	3.50-18	3.50-18	4.00-18
Allgemeine Daten					
Leergewicht (kg)	90	95	78	80	87
Tankinhalt (l)	7,5	8	7,5	8	7
Höchstgeschw. (km/h)	Einsatzabhänging	Einsatzabhängig	Einsatzabhängig	Einsatzabhängig	Einsatzabhängig

Jahr	1975–1976	1977–1979	1977–1979	1977–1979	1978–1979
Modell	Scarab C 125	Scarab CR 125 Rego-laritá	Scarab CRH 125 Cross	Scarab CRH 125 Re-golaritá	CT 125
Motor					
Hubraum (cm³)	123	123	123	123	123
Zylinder	1	1	1	1	1
Bohrung x Hub (mm)	54 x 54	54 x 54	54 x 54	54 x 54	54 x 54
Arbeitsweise	Zweitakt	Zweitakt	Zweitakt	Zweitakt	Zweitakt
Steuerung	Schlitz	Schlitz	Schlitz	Schlitz	Schlitz
Gemischaufbereitung	Bing Ø 34	Bing Ø 34	Bing Ø 34	Bing Ø 34	Dellorto Ø 22
Ventile/Zylinder	0	0	0	0	0
Verdichtung	11,5:1	11,5:1	13:1	12,5:1	11,5:1
Kühlung	Luft	Luft	Luft	Luft	Luft
Zündung	kontaktlos, Thyristor, 6 V/18 W	kontaktlos, Thyristor, 6 V/18 W	kontaktlos, Thyristor, 6 V/21 W	kontaktlos, Thyristor, 6 V/21 W	Schwunglicht-Magnet 6 V/28 W
Leistung (PS bei U/min)	19/8800	24/9500	24/10200	22/8000	10/6500
Kraftübertragung					

Weiter auf nächster Seite >

Anz. Gänge	6	6	6	6	5
Kupplung	Mehrscheiben im Öl-bad	Mehrscheiben im Öl-bad	Mehrscheiben im Öl-bad	Mehrscheiben im Öl-bad	Mehrscheiben im Öl-bad
Hinterradantrieb	Kette	Kette	Kette	Kette	Kette
Starter	Kick	Kick	Kick	Kick	Kick
Fahrwerk					
Rahmen	Doppelschleifen-Rohrrahmen	Doppelschleifen-Rohrrahmen	Doppelschleifen-Rohrrahmen	Doppelschleifen-Rohrrahmen	Doppelschleifen-Rohrrahmen
Vorderradfederung	hydr. ged. Telegabel	hydr. ged. Telegabel	hydr. ged. Telegabel	hydr. ged. Telegabel	hydr. ged. Telegabel
Hinterradfederung	Schwinge mit hydr. ged. Federbeinen	Schwinge mit hydr. ged. Federbeinen	Schwinge mit hydr. ged. Federbeinen	Schwinge mit hydr. ged. Federbeinen	Schwinge mit hydr. ged. Federbeinen
Vorderradbremse	Trommel 135 mm	Trommel 125 mm	Trommel 125 mm	Trommel 125 mm	Trommel 125 mm
Hinterradbremse	Trommel 160 mm	Trommel 140 mm	Trommel 140 mm	Trommel 140 mm	Trommel 125 mm
Vorderradreifen	3.00-21	3.00-21	3.00-21	3.00-21	2.75-21
Hinterradreifen	4.00-18	4.00-18	4.00-18	4.00-18	4.00-18
Allgemeine Daten					
Leergewicht (kg)	87	89	82	89	82
Tankinhalt (l)	7	7	7	9	5
Höchstgeschw. (km/h)	Einsatzabhänging	Einsatzabhänging	Einsatzabhänging	Einsatzabhänging	k. A.

Jahr	1976–1977	1978–1979	1978–1979
Modell	Scarab CR 250 Cross	CRH 250 Cross	FH 250 Regolaritá
Motor			
Hubraum (cm³)	245	245	245
Zylinder	1	1	1
Bohrung x Hub (mm)	71,5 x 61	72 x 60	72 x 60
Arbeitsweise	Zweitakt	Zweitakt	Zweitakt
Steuerung	Schlitz	Schlitz	Schlitz
Gemischaufbereitung	Bing Ø 36	Dellorto Ø 36	Dellorto Ø 36
Ventile/Zylinder	0	0	0
Verdichtung	11,5:1	13,5:1	13,5:1
Kühlung	Luft	Luft	Luft
Zündung	kontaktlos, Thyristor, 6 V/21 W	kontaktlos, Thyristor,	kontaktlos, Thyristor, 6 V/21 W
Leistung (PS bei U/min)	32/8000	36/9200	32/8600
Kraftübertragung			
Anz. Gänge	6	6	6
Kupplung	Mehrscheiben im Ölbad	Mehrscheiben im Ölbad	Mehrscheiben im Ölbad
Hinterradantrieb	Kette	Kette	Kette
Starter	Kick	Kick	Kick
Fahrwerk			
Rahmen	Doppelschleifen-Rohrrahmen	Doppelschleifen-Rohrrahmen	Doppelschleifen-Rohrrahmen
Vorderradfederung	hydr. ged. Telegabel	hydr. ged. Telegabel	hydr. ged. Telegabel
Hinterradfederung	Schwinge mit hydr. ged. Federbeinen	Schwinge mit hydr. ged. Federbeinen	Schwinge mit hydr. ged. Federbeinen
Federweg vorne (mm)	k. A.	150	150
Federweg hinten (mm)	k. A.	210	210
Vorderradbremse	Trommel 135 mm	Trommel 125 mm	Trommel 140
Hinterradbremse	Trommel 160 mm	Trommel 125 mm	Trommel 125
Vorderradreifen	3.00-21	3.00-21	3.00-21
Hinterradreifen	4.50-18	4.50-18	4.50-18
Allgemeine Daten			
Leergewicht (kg)	95	89	92
Tankinhalt (l)	9	7	9
Höchstgeschw. (km/h)	Einsatzabhänging	k. A.	Einsatzabhänging

Kapitel 3
Aprilia

Das Unternehmen wurde kurz nach dem Zweiten Weltkrieg von Alberto Beggio als Fahrradfabrik gegründet. Beggio, ein Fan des Lancia Aprilia, den er für das beste Auto der Welt hielt, nannte seine Firma kurzerhand genauso, weil er die besten Fahrräder der Welt bauen wollte. Ivano Beggio übernahm die Firma 1968 von seinem Vater und begann parallel zum Fahrradgeschäft mit 18 Mitarbeitern kleine Geländemotorräder mit 50 cm³ zu produzieren. Die ersten Modelle von Aprilia wurden Colibri, Daniela und Packi genannt. 1970 wurde das Motocross-Modell Scarabeo vorgestellt, das bis Ende der siebziger Jahre als 50- und 125-cm³-Versionen produziert wurde. 1975 begann Ivano Beggio auch mit der Fertigung von Mopeds. Ab 1980 konzentrierte sich Aprilia hauptsächlich auf Zweiradkonstruktionen für sich und andere Firmen und war zeitweilig nur als Konfektionär unterwegs. In Europa wurde die Marke überhaupt erst dann wahrgenommen, weshalb hier nur ein sehr eingeschränkter Überblick wiedergegeben werden kann.

Die Aprilia-Modelle im Überblick

Aprilia MX 125	1978–1979	
1-Zyl.-2-Takt	124 cm³	27 PS / 10400 U/min
Aprilia MX 250	**1978–1979**	
1-Zyl.-2-Takt	244 cm³	40 PS / 8000 U/min
Aprilia RC 125	**1978–1979**	
1-Zyl.-2-Takt	124 cm³	25,4 PS / 10200 U/min
Aprilia RC 250	**1978–1979**	
1-Zyl.-2-Takt	244 cm³	38 PS / 7800 U/min

> **MX stand für Moto Cross und die 40 PS starke Aprilia MX 250 mit Hiro-Motor hatte in der Hand von Privatfahrern durchaus Chancen, auch international vorne mit dabei zu sein.**

> Ende der 1970er Jahre waren jegliche Geländesportaktivitäten in Italien immer noch äußerst beliebt, was eine unglaubliche Zahl von Motorradmodellen, vor allem mit einfachem Zweitaktmotor, hervorbrachte. Wie die Aprilia MX 125 mit Hiro-Motor.

aprilia

> Von den Moto-Cross-Modellen abgeleitet gab es bei Aprilia auch jeweils eine Enduro mit 125 und 250 cm³, mit Beleuchtungsanlage, Schalldämpfer und leicht reduzierter Motorleistung.

Jahr	1978–1979	1978–1979	1978–1979	1978–1979
Modell	MX 125	RC 125	MX 250	RC 250
Motor				
Hubraum (cm³)	124	124	244	244
Zylinder	1	1	1	1
Bohrung x Hub (mm)	54 x 54	54 x 54	72 x 60	72 x 60
Arbeitsweise	Zweitakt	Zweitakt	Zweitakt	Zweitakt
Steuerung	Schlitz	Schlitz	Schlitz	Schlitz
Gemischaufbereitung	Dellorto Ø 36	Dellorto Ø 32	Dellorto Ø 36	Dellorto Ø 36
Ventile/Zylinder	0	0	0	0
Verdichtung	14,2:1	13,5:1	11,5:1	11,5:1
Kühlung	Luft	Luft	Luft	Luft
Zündung	kontaktlos, Thyristor,	Schwunglicht-Magnet 6 V/28 W	kontaktlos, Thyristor,	Schwunglicht-Magnet 6 V/28 W
Leistung (PS bei U/min)	27/10400	24,5/10200	40/8000	38/7800
Kraftübertragung				
Anz. Gänge	6	6	6	6
Kupplung	Mehrscheiben im Ölbad	Mehrscheiben im Ölbad	Mehrscheiben im Ölbad	Mehrscheiben im Ölbad
Hinterradantrieb	Kette	Kette	Kette	Kette
Starter	Kick	Kick	Kick	Kick
Fahrwerk				
Rahmen	Zentralrohrrahmen	Zentralrohrrahmen	Zentralrohrrahmen	Zentralrohrrahmen
Vorderradfederung	hydr. ged. Telegabel	hydr. ged. Telegabel	hydr. ged. Telegabel	hydr. ged. Telegabel
Hinterradfederung	Schwinge mit hydr. ged. Federbeinen	Schwinge mit hydr. ged. Federbeinen	Schwinge mit hydr. ged. Federbeinen	Schwinge mit hydr. ged. Federbeinen
Sitzhöhe (cm)	96	94	96	95
Vorderradbremse	Trommel 125 mm	Trommel 140 mm	Trommel 140 mm	Trommel 140 mm
Hinterradbremse	Trommel 140 mm	Trommel 140 mm	Trommel 140 mm	Trommel 140 mm
Vorderradreifen	3.00-21	3.00-21	3.00-21	3.00-21
Hinterradreifen	4.00-18	4.00-18	4.50-18	4.50-18
Allgemeine Daten				
Leergewicht (kg)	86	92	94	96
Tankinhalt (l)	7	9	7	9
Höchstgeschw. (km/h)	Einsatzabhänging	Einsatzabhänging	Einsatzabhänging	Einsatzabhänging

Kapitel 4

Aspes

1967 gegründet, baute Aspes bis Mitte der 1980er Jahre in Gallarate bei Mailand Enduros, Moto-Cross-Motorräder und Straßenmotorräder bis 125 cm³ Hubraum. Auch im Straßenrennsport versuchte man sich. Einen großen Erfolg feierte Aspes 1977, als die Marke italienischer Moto-Cross-Meister in der 125-cm³-Klasse wurde. Die Modellpalette umfasste in den 70er Jahren 50-cm³- und 125-cm³-Motorräder mit von Indianerstämmen entliehenen Namen: Navaho, Hopi und Yuma. Neben eigenen Motoren kamen Triebwerke von Minarelli und Morini zum Einsatz.

Die Aspes-Modelle im Überblick

125 Scrambler	**1972–1976**	
1-Zyl.-2-Takt	123 cm³	15 PS / 7500 U/min
Hopi 125 Cross RG	**1972–1976**	
1-Zyl.-2-Takt	123 cm³	22 PS / 9500 U/min
Hopi 125 Cross	**1976–1979**	
1-Zyl.-2-Takt	123 cm³	24 PS / 10800 U/min
Hopi 125 Scrambler (GS)	**1976–1979**	
1-Zyl.-2-Takt	123 cm³	21 PS / 9800 U/min
Yuma 125 Sport	**1977–79**	
1-Zyl.-2-Takt	123 cm³	19,2 PS / 9600 U/min
Yuma Criterium 125	**1977–1979**	
1-Zyl.-2-Takt	123 cm³	22 PS / 10400 U/min

> Die Aspes Scrambler 125 wurde einige Jahre lang unverändert angeboten. Der Minarelli-Zweitaktmotor leistete 15 PS, ein Fünfganggetriebe war schon 1972 serienmäßig an Bord. Ein interessantes Detail war die von Aspes selbst produzierte Telegabel.

> Die Aspes Hopi 125 Cross RG mit hauseigenem 22-PS-Motor war durchaus wettbewerbsfähig. Es konnte zwischen Fünf- und Sechsganggetriebe gewählt werden. 1976 erhöhte sich die Motorleistung auf 24 PS.

> Ab 1976 eingesetzte Aspes Hopi 125 Cross mit stärkerem (24 PS) Motor, technisch optimiertem Fahrwerk und überarbeitetem Design.

> Regolarità Competizione stand für wettbewerbsfähigen Geländesport und so nannte Aspes seine Hopi 125 GS auf dem italienischen Markt. Gegenüber der Cross-Maschine waren hier die Motorleistung reduziert und die Federwege gekürzt.

> Die Yuma 125 Sport konnte auf der Straße oder im Nachwuchsbereich auch bei Straßenrennen eingesetzt werden. In der »zivilen« Ausführung leistete der Motor 19 PS, was für maximal 135 km/h reichte.

> Die Yuma 125 Sport in der Sonderausführung »»Criterium 125« mit Vollverkleidung und auf 22 PS gesteigerter Motorleistung.

> In der 2. Hälfte der 1970er Jahre wechselten Design und Typenbezeichnungen für die Wettbewerbsmaschinen nahezu jährlich. Bei fast unveränderter Technik nannte sich die Aspes Cross-Maschine des Jahres 1979 Hopi CRC 125.

> Aus der Geländesportmaschine wurde 1979 die Hopi RGC.R 125, wobei die Buchstabenkombination unter anderem für »Regolarità Radiale« stand.

Jahr	1972–1976	1972–1976	1976–1979	1976–1979	1977–1979	1977–1979
Modell	125 Scrambler	Hopi 125 Cross RG	Hopi 125 Cross	Hopi 125 Scrambler	Yuma 125 Sport	Yuma Criterium 125
Motor						
Hubraum (cm³)	123	123	123	123	123	123
Zylinder	1	1	1	1	1	1
Bohrung x Hub (mm)	54 x 54	54 x 54	54 x 54	54 x 54	54 x 54	54 x 54
Arbeitsweise	Zweitakt	Zweitakt	Zweitakt	Zweitakt	Zweitakt	Zweitakt
Steuerung	Schlitz	Schlitz	Schlitz	Schlitz	Schlitz	Schlitz
Gemischaufbereitung	Dellorto Ø 25	Dellorto Ø 29	Dellorto Ø 34	Dellorto Ø 34	Dellorto Ø 30	Dellorto Ø 34
Ventile/Zylinder	0	0	0	0	0	0
Verdichtung	9:1	12:1	13,5:1	13,5:1	10,5:1	13,5:1
Kühlung	Luft	Luft	Luft	Luft	Luft	Luft
Zündung	Schwunglicht-Magnet 6 V	Schwunglicht-Magnet 6 V	kontaktlos, Thyristor,	Schwunglicht-Magnet 6 V/35 W	Schwunglicht-Magnet, kontaktlos	Schwunglicht-Magnet, kontaktlos 6V/30 W
Leistung (PS bei U/min)	15/7500	22/9500	24/10800	21/9800	19,2/9600	22/1044
Kraftübertragung						
Anz. Gänge	5	5 oder 6	5	5	6	6
Kupplung	Mehrscheiben im Ölbad	Mehrscheiben im Ölbad	Mehrscheiben im Ölbad	Mehrscheiben im Ölbad	Mehrscheiben im Ölbad	Mehrscheiben im Ölbad
Hinterradantrieb	Kette	Kette	Kette	Kette	Kette	Kette
Starter	Kick	Kick	Kick	Kick	Kick	Kick
Fahrwerk						
Rahmen	Doppelschleifen-Rohrrahmen	Doppelschleifen-Rohrrahmen	Doppelschleifen-Rohrrahmen	Doppelschleifen-Rohrrahmen	Doppelschleifen-Rohrrahmen	Doppelschleifen-Rohrrahmen
Vorderradfederung	hydr. ged. Telegabel	hydr. ged. Telegabel	hydr. ged. Telegabel	hydr. ged. Telegabel	hydr. ged. Telegabel	hydr. ged. Telegabel
Hinterradfederung	Schwinge mit hydr. ged. Federbeinen	Schwinge mit hydr. ged. Federbeinen	Schwinge mit hydr. ged. Federbeinen	Schwinge mit hydr. ged. Federbeinen	Schwinge mit hydr. ged. Federbeinen	Schwinge mit hydr. ged. Federbeinen
Sitzhöhe (cm)	Trommel 120 mm	Trommel 120 mm	Trommel 140 mm	Trommel 140 mm	Scheibe 260 mm	Scheibe 260 mm
Vorderradbremse	Trommel 120 mm	Trommel 120 mm	Trommel 140 mm	Trommel 140 mm	Trommel 140 mm	Trommel 160 mm
Hinterradbremse	2.50-21	2.50-21	3.00-21	3.00-21	2.50-18	3.25-18
Vorderradreifen	3.50-18	3.50-18	4.00-18	4.00-18	3.00-18	3.50-18
Hinterradreifen						
Allgemeine Daten	90	89	89	98	91	95
Leergewicht (kg)	9	9	9	12	9	8
Tankinhalt (l)	115	120	Einsatzabhänging	120	136	140
Höchstgeschw. (km/h)	Einsatzabhänging	Einsatzabhänging	Einsatzabhänging	Einsatzabhänging	135	145

Kapitel 5
Benelli

1911 eröffneten die Brüder Giuseppe, Giovanni und Filippo Benelli in Pesaro eine Werkstatt für motorisierte Fahrzeuge. Drei weitere Brüder stießen in den Folgejahren dazu und schnell wurde der Fokus auf die Entwicklung und den Bau von Motorradmotoren und ganzen Motorrädern gelegt. 1921 brachte Benelli das erste eigene Motorrad mit 98er Zweitaktmotor heraus, weitere Zweitakter bis 250 cm³ Hubraum folgten. Benelli wurde zu einem der gefragtesten Motorradhersteller in Italien und erreichte mit dem Gewinn der Lightweight Tourist Trophy (Klasse bis 250 cm³) 1939 einen letzten Höhepunkt vor dem Zweiten Weltkrieg.

Nach dem Krieg, der Beseitigung von Bombeneinschlägen und der Beschaffung neuer Maschinen knüpften die Benelli-Brüder wieder dort an, wo sie zuletzt aufgehört hatten. Es entstanden neue Motorräder, wieder bis 250 cm³ und mit Zweitaktmotoren bestückt, aber auch 500er Vierzylinder-Viertakter, mit denen ab 1967 in der Motorrad-WM mitgefahren wurde. Erfolgreicher blieb aber auch hier die 250er, mit der Dario Ambrosini 1950 und Kel Carruthers 1969 Weltmeister wurden. Zu dieser Zeit kratzten Benelli-Fahrer auch ein paar Mal am 350er WM-Titel, aber nach 1971 waren die Italiener nicht mehr konkurrenzfähig.

1950 begann Giuseppe Benelli, einer der sechs Benelli-Brüder, der sich im Streit vom Stammhaus getrennt hatte, unter der Marke »Moto B«, später Motobi eine eigene Motorradproduktion in Pesaro.

1971 übernahm der argentinische Unternehmer Alejandro de Tomaso beide Firmen, die nun mit identischen Modellen bis 1974 eine Zweimarkenstrategie fuhren. 1973 kaufte der Konzern De Tomaso Industries Inc. auch noch Moto Guzzi. De Tomaso übernahm selbst die Konstruktionsleitung, was zu vielen Gleichteilen bei der weiteren Entwicklung von Benelli- und Moto Guzzi-Maschinen führte.

Die Benelli-Produktpalette der 70er Jahre war sehr umfangreich und reichte vom 125er Einzylinder-Zweitaktmodell bis zum Sechszylinder-Viertakter. Vor allem bei den großen Mehrzylinder-Viertaktmotorrädern kupferte man eifrig bei japanischen Vorbildern, insbesondere bei Honda, ab. Die schwammigen Fahrwerke aus Fernost kopierte man recht gut, in Sachen Leistung, hochwertiger Bauteile und Verarbeitungsqualität blieben die Italiener aber deutlich hinter den Originalen zurück. Das spiegelte sich nicht zuletzt auch in den Verkaufszahlen wieder.

Infolge mangelnder Nachfrage wurde Ende der 1980er-Jahre die Produktion von Motorrädern bei Benelli eingestellt und erst 1992 unter der Leitung von Andrea Merloni wieder aufgenommen, der die Reste des Unternehmens und den Markennamen aufkaufte.

> Ein Überbleibsel aus den 1950er Jahren, als auch in Italien einfache, robuste und preiswerte Motorräder gefragt waren, war die Leoncino 125. Nach der Übernahme von Benelli durch De Tomaso wurde die Maschine, die bis dahin ständig weiterentwickelt worden war, ausgemustert.

Die Benelli-Modelle mit 125 cm³ im Überblick

Leoncino 125	**1969–1971**	
1-Zyl.-2-Takt	124 cm³	7,5 PS / 6000 U/min
Leoncino 125 Cross	**1970–1971**	
1-Zyl.-2-Takt	124 cm³	10,5 PS / 7000 U/min
Leoncino 125 Cross 71	**1971–1972**	
1-Zyl.-2-Takt	124 cm³	11 PS / 7000 U/min
125 Sport Spezial	**1971–1976**	
1-Zyl.-4-Takt	123 cm³	10 PS / 9000 U/min
125 Cross	**1972–1973**	
1-Zyl.-2-Takt	120 cm³	14 PS / 6580 U/min
125 2C	**1972–1976**	
2-Zyl.-2-Takt	124 cm³	12,8 PS / 7600 U/min
125 Enduro	**1973–1977**	
1-Zyl.-2-Takt	120 cm³	15,4 PS / 7800 U/min
125 Turismo	**1975–1977**	
1-Zyl.-2-Takt	120 cm³	15,4 PS / 7800 U/min
125 2c SE	**1976–1979**	
2-Zyl.-2-Takt	124 cm³	17 PS / 8100 U/min
125 Sport	**1978–1980**	
2-Zyl.-2-Takt	124 cm³	18 PS / 8100 U/min

> Speziell für den USA-Export baute Benelli die Crossvariante der Leoncino mit einsitziger Bank, kleinerem Tank, speziellem Zylinderkopf, sportlicher Telegabel und geländemäßiger Bereifung. Am Hinterrad waren zwei Zahnkränze für wahlweise Straßen- oder Geländebetrieb.

> Die einst von Motobi entwickelte Einzylinder-Viertaktreihe mit 125 und 250 cm³ Hubraum kam nach der Übernahme von De Tomaso auch der Marke Benelli zu Gute. Im Bild die erste 125 Sport Special, noch im Design der Endsechziger.

> 1972 optisch komplett überarbeitet, in den Leistungsdaten aber unverändert, blieb die 125 Sport Special mit dem liegenden Viertaktmotor (auch »Kraftei« genannt) weiterhin im Benelli-Programm.

> Ganz neue Wege für italienische Motorräder ging Benelli mit den 1972 erschienenen Zweizylinder-Zweitakt-Modellen mit 125 und 250 cm³. Schicke Maschinen, aber brauchten die knapp 13 PS für eine 125er zwei Zylinder? Mit der Umstellung auf Elektronikzündung 1974 erhielten die Maschinen die Zusatzbezeichnung »Elettronica«

> Die Leoncino-Modelle hatte Benelli 1971 auslaufen lassen und präsentierte für die folgende Saison eine brandneue 125er Cross-Maschine, die aber eigentlich eine Enduro, wieder für den US-amerikanischen Markt, war. Ungewöhnlich war das Bohrung/Hub-Verhältnis von 56/49 mm, das einen Hubraum von 120,6 cm³ ergab.

> Das Modell 125 Enduro löste 1973 das gerade erst eingeführte Cross-Modell mit dem 120-cm³-Zweitaktmotor ab. Von anfänglich 14 PS wurde die Leistung in der weiteren Entwicklung auf 15,4 PS gesteigert. Wettbewerbstauglich war die Maschine nur bedingt, was auf dem US-Markt auch keine Rolle spielte.

> Auf der Basis der 120-cm³-Enduro reichte Benelli 1975 ein Straßenmodell mit (schwacher) Scheibenbremse und der Zusatzbezeichnung »Turismo« nach, das praktisch die auslaufende 125er mit Viertaktmotor ersetzte.

> In der Weiterentwicklung der kleinen Zweizylinder-Zweitaktmaschinen hatte die 1976 auf den italienischen Markt gekommene Benelli 125 2c SE eine Scheibenbremse am Vorderrad und mit 17 PS endlich auch mehr Leistung. Das Mischungsverhältnis von 1:25 war aber ebenso unzeitgemäß wie die fehlende Frischöldosierung.

> Als letzte 125er Schöpfung erschien 1978 die Benelli 125 Sport mit dem Zweizylinder-Zweitakter. Die Maschine mit Cockpitverkleidung, Spoilersitzbank und Druckgussfelgen wurde bis weit in die 80er Jahre hinein gebaut.

Die Benelli-Modelle mit 250 cm³ im Überblick

250 Sport Spezial	1971–1976	
1-Zyl.-4-Takt	245 cm³	16,5 PS / 7500 U/min
250 2C	**1972–1976**	
2-Zyl.-2-Takt	232 cm³	25 PS / 68700 U/min
250 2c SE	**1976–1979**	
2-Zyl.-2-Takt	232 cm³	30 PS / 8000 U/min
250 Qattro	**1976–1979**	
4-Zyl.-4-Takt ohc	231 cm³	27,8 PS / 10500 U/min
254	**1979**	
4-Zyl.-4-Takt ohc	231 cm³	27,8 PS / 10500 U/min

> Parallel zur 125er Sport Special brachte Benelli auch das 250er Modell der ehemaligen Motobi-Konstruktion 1971 auf den Markt.

> Und wie die 125er erschien auch die 250er Sport Special mit dem ungewöhnlichen, liegenden Einzylinder-Viertaktmotor 1972 in neuem Design.

> Parallel zur 125er erschien 1972 mit der Benelli 250 2C auch ein 250-cm³-Modell mit Zweizylinder-Zweitaktmotor. Letzterer entsprach für westliche Verhältnisse allerdings nicht mehr ganz dem Stand der Technik.

> Elektronikzündung, Scheibenbremse am Vorderrad, weniger Öl im Gemisch (1:25 satt 1:20) und 5 PS mehr Leistung: Das 250er Zweizylinder-Modell 250 2C SE mit Zweitaktmotor löste 1976 das Vorgängermodell ab.

> So wie die Zweizylinder-Zweitaktmotoren kam auch der kleinste Vierzylinder-Viertaktmotor der 1976 erschienenen Benelli 250 Quattro von Moto Guzzi. Die schwache Motorleistung, gepaart mit dem sehr gewöhnungsbedürftigen Design hielt die Nachfrage in engen Grenzen.

> 1979 erschien die Quattro optisch entschärft und nur noch unter der Bezeichnung Benelli 254. Wie zu dieser Zeit üblich in sportlichem Look mit Cockpitverkleidung, Heckbürzel und Gussfelgen. Die Tester lobten das Fahrwerk und das Handling der 117 kg leichten Maschine.

> Bereits 1966 hatte Benelli eine 650er Benelli mit Zweizylinder-Viertaktmotor und im Kopf hängenden Ventilen gezeigt. Ende 1970 ging die für den amerikanischen Markt entwickelte Maschine mit Doppelschleifen-Rohrrahmen und Fünfganggetriebe in Serie.

> Mit der vor allem optisch überarbeiteten Tornado 650 S versuchte Benelli ab 1972 verstärkt auch auf europäischen Märkten Fuß zu fassen, was aber nur bedingt gelang.

> Parallel zum S-Modell kam 1973 noch eine Tornado 650 S2 in sportlicher Optik mit Scheibe und Höckersitzbank auf den Markt. 1976 endete die Tornado-Fertigung.

Benelli
500
Quattro
Benelli

> Schon für zeitgenössische Kritiker war die Benelli 500 Quattro eine schlechte Honda-Kopie. Schick sah sie ja aus, aber der schwache Motor machte ebenso Probleme wie das noch schwächere Fahrwerk. Dafür war der Preis erheblich stärker als bei der fernöstlichen Konkurrenz.

> Sie sollte das Flaggschiff des italienischen Motorradbaus werden, die Benelli 750 Sei, die erste Serien-Sechszylinder-Maschine der Welt. Doch sie geriet letztlich mit ähnlichen Problemen wie die 500er zum Flop. In drei Bauserien mit geringen Unterschieden (Getriebe, Telegabel, Elektrik) wurden nur rund 3200 Exemplare gebaut, von denen die Hälfte in die USA ging.

> Bis 1976 blieben die bei Moto Guzzi konstruierten und auch gebauten Vierzylindermotoren mit 350 cm³ Hubraum den dortigen Maschinen vorbehalten. Dann gab es mit der Benelli 350 RS, einer ausgewogenen Tourenmaschine, auch ein solches Modell aus Pesaro.

Die Benelli-Modelle ab 350 cm³ im Überblick

Tornado 650	**1970–1972**	
2-Zyl.-4-Takt ohv	642 cm³	50 PS / 7200 U/min
Tornado 650 S	**1972–1976**	
2-Zyl.-4-Takt ohv	642 cm³	45 PS / 6500 U/min
Tornado 650 S2	**1973–1976**	
2-Zyl.-4-Takt ohv	642 cm³	45 PS / 6500 U/min
500 Quattro	**1974–1978**	
4-Zyl.-4-Takt ohc	498 cm³	44 PS / 8500 U/min
750 Sei	**1974–1978**	**3.204 Stück**
6-Zyl.-4-Takt ohc	747 cm³	73 PS / 9000 U/min
350 RS	**1976–1980**	
4-Zyl.-4-Takt ohc	345 cm³	38 PS / 9500 U/min
500 LS	**1976–1980**	
4-Zyl.-4-Takt ohc	498 cm³	49 PS / 9200 U/min
354 Sport	**1978–1981**	
4-Zyl.-4-Takt ohc	345 cm³	38 PS / 10200 U/min
504 Sport	**1978–1979**	
4-Zyl.-4-Takt ohc	498 cm³	52 PS / 8900 U/min
900 Sei	**1979–1989**	**1.908 Stück**
6-Zyl.-4-Takt ohc	905 cm³	80 PS / 8500 U/min

> Sehr moderat optisch und technisch überarbeitet erschien 1976 die Benelli 500 LS parallel zur 500 Quattro. Eine Doppelscheibenbremse am Vorderrad verzögerte jetzt die 180 km/h schnelle Tourenmaschine.

> Ende der 70er Jahre brachte Benelli in allen vertretenen Hubraumklassen eine Sportversion heraus – so auch vom 350er Vierzylindermodell. Als Benelli 354 Sport blieb sie in der Leistung gegenüber der 350 RS unverändert und in Europa weiterhin nur schwer verkäuflich.

> Mit verbesserter Leistungscharakteristik, Gussrädern, Cockpitverkleidung und Spoilersitzbank erschien 1978 auch die 500er Vierzylindermaschine als Benelli 504 Sport. Die Kritiker lobten Fahrwerk, Design und Sound der 190 km/h schnellen Italienerin.

Jahr	1969–1971	1970–1971	1970–1971	1971–1976	1972–1973
Modell	Leoncino 125	Leoncino 125 Cross	Leoncino 125 Cross 71	125 Sport Special	125 Cross
Motor					
Hubraum (cm³)	124	124	124	124	120,6
Zylinder	1	1	1	1	1
Bohrung x Hub (mm)	54 x 54	54 x 54	54 x 54	54 x 54	56 x 49
Arbeitsweise	Zweitakt	Zweitakt	Zweitakt	Viertakt	Zweitakt
Steuerung	Schlitz	Schlitz	Schlitz	ohv	Schlitz
Gemischaufbereitung	Dellorto Ø 22	Dellorto Ø 22	Dellorto Ø 22	Dellorto Ø 22	Dellorto Ø 22
Ventile/Zylinder	0	0	0	2	0
Verdichtung	9,4:1	9,4:1	9,4:1	8,5:1	9,55:1
Kühlung	Luft	Luft	Luft	Luft	Luft
Zündung	Schwunglicht-Magnet 6 V / 28 W	Schwunglicht-Magnet 6 V / 28 W	Schwunglicht-Magnet 6 V / 30 W	Schwunglicht-Magnet 6 V / 28 W	Schwunglicht-Magnet 6 V / 28 W
Leistung (PS bei U/min)	7,5/6000	10,5/7000	10,8/7000	10/9000	14/6580
Kraftübertragung					
Anz. Gänge	4	4	4	5	5
Kupplung	Mehrscheiben im Ölbad	Mehrscheiben im Ölbad	Mehrscheiben im Ölbad	Mehrscheiben im Ölbad	Mehrscheiben im Ölbad
Hinterradantrieb	Kette	Kette	Kette	Kette	Kette
Starter	Kick	Kick	Kick	Kick	Kick
Fahrwerk					
Rahmen	Rohrrahmen, unten offen	Rohrrahmen, unten offen	Doppelschleifen-Rohrrahmen	Rückgrat-Pressstahlrahmen	Doppelschleifen-Rohrrahmen
Vorderradfederung	hydr. ged. Telegabel	hydr. ged. Telegabel	hydr. ged. Telegabel	hydr. ged. Telegabel	hydr. ged. Telegabel
Hinterradfederung	Schwinge mit hydr. ged. Federbeinen	Schwinge mit hydr. ged. Federbeinen	Schwinge mit hydr. ged. Federbeinen	Schwinge mit hydr. ged. Federbeinen	Schwinge mit hydr. ged. Federbeinen
Vorderradbremse	Trommel 135 mm	Trommel 135 mm	Trommel 135 mm	Trommel 175 mm	Trommel 140 mm
Hinterradbremse	Trommel 120 mm	Trommel 120 mm	Trommel 120 mm	Trommel 157 mm	Trommel 140 mm
Vorderradreifen	2.50-18	2.75-19	2.75-19	2.50-18	2.50-21
Hinterradreifen	2.75-18	3.00-18	3.00-18	2.75-18	3.50-18
Allgemeine Daten					
Leergewicht (kg)	95	90	108	102	104
Tankinhalt (l)	11	8	11	12,5	11
Höchstgeschw. (km/h)	90	100	100	105	110

Jahr	1972–1976	1973–1977	1975–1977	1976–1979	1978–1980
Modell	125 2 C	125 Enduro	125 Turismo	125 2c SE	125 Sport
Motor					
Hubraum (cm³)	123	120	120	124	124
Zylinder	2	1	1	2	2
Bohrung x Hub (mm)	42,5 x 43	56 x 49	56 x 49	42,5 x 44	42,5 x 44
Arbeitsweise	Zweitakt	Zweitakt	Zweitakt	Zweitakt	Zweitakt
Steuerung	Schlitz	Schlitz	Schlitz	Schlitz	Schlitz
Gemischaufbereitung	2 x Dellorto Ø 19	Dellorto Ø 22	Dellorto Ø 22	2 x Dellorto Ø 14	2 x Dellorto Ø 14
Ventile/Zylinder	0	0	0	0	0
Verdichtung	8,7:1	9,9:1	9,9:1	9:1	10,3:1
Kühlung	Luft	Luft	Luft	Luft	Luft
Zündung	Schwunglicht-Magnet 6 V / 28 W	Schwunglicht-Magnet 6 V / 28 W	Schwunglicht-Magnet 6 V / 28 W	Schwunglicht-Magnet 6 V / 50 W	Schwunglicht-Magnet 6 V / 50 W
Leistung (PS bei U/min)	16/7700	15,4/7800	15,4/7800	17/8100	18/8100
Kraftübertragung					

Weiter auf nächster Seite >

Anz. Gänge	5	5	5	5	5
Kupplung	Mehrscheiben im Ölbad	Mehrscheiben im Ölbad	Mehrscheiben im Ölbad	Mehrscheiben im Ölbad	Mehrscheiben im Ölbad
Hinterradantrieb	Kette	Kette	Kette	Kette	Kette
Starter	Kick	Kick	Kick	Kick	Kick
Fahrwerk					
Rahmen	Doppelschleifen-Rohrrahmen	Doppelschleifen-Rohrrahmen	Doppelschleifen-Rohrrahmen	Doppelschleifen-Rohrrahmen	Doppelschleifen-Rohrrahmen
Vorderradfederung	hydr. ged. Telegabel	hydr. ged. Telegabel	hydr. ged. Telegabel	hydr. ged. Telegabel	hydr. ged. Telegabel
Hinterradfederung	Schwinge mit hydr. ged. Federbeinen	Schwinge mit hydr. ged. Federbeinen	Schwinge mit hydr. ged. Federbeinen	Schwinge mit hydr. ged. Federbeinen	Schwinge mit hydr. ged. Federbeinen
Vorderradbremse	Trommel 160 mm	Trommel 135 mm	Scheibe 220 mm	Scheibe 260 mm	Scheibe 260 mm
Hinterradbremse	Trommel 140 mm	Trommel 135 mm	Trommel 124 mm	Trommel 158 mm	Trommel 158 mm
Vorderradreifen	2.75-18	2.50-21	2.50-18	2.75-18	2.75-18
Hinterradreifen	3.00-18	3.50-18	2.75-18	3.00-18	3.00-18
Allgemeine Daten					
Leergewicht (kg)	105	98	78,5	129	125
Tankinhalt (l)	11,5	8,5	9,5	13	13
Höchstgeschw. (km/h)	120	105	118	120	130

Jahr	1971–1976	1972–1976	1976–1979	1976–1979	1979
Modell	250 Sport Special	250 2 C	250 2c SE	250 Quattro	254
Motor					
Hubraum (cm³)	245	232	232	231	231
Zylinder	1	2	2	4	4
Bohrung x Hub (mm)	74 x 57	56 x 47	56 x 47	44 x 38	44 x 38
Arbeitsweise	Viertakt	Zweitakt	Zweitakt	Viertakt	Viertakt
Steuerung	ohv	Schlitz	Schlitz	ohc	ohc
Gemischaufbereitung	Dellorto Ø 24	2 x Dellorto Ø 25	2 x Dellorto Ø 25	4 x Dellorto Ø 18	4 x Dellorto Ø 18
Ventile/Zylinder	2	0	0	2	2
Verdichtung	8,5:1	10,3:1	10,3:1	11,5:1	10,5:1
Kühlung	Luft	Luft	Luft	Luft	Luft
Leistung (PS bei U/min)	16,5/7500	25/7000	30/8000	25,5/10500	26/10600
Zündung	Schwunglicht-Magnet 6 V/28 W	Schwunglicht-Magnet 6 V/50 W	Schwunglicht-Magnet 6 V/50 W	Batterie/Spule 12 V	Batterie/Spule 12 V
Kraftübertragung					
Anz. Gänge	5	5	5	5	5
Kupplung	Mehrscheiben im Ölbad	Mehrscheiben im Ölbad	Mehrscheiben im Ölbad	Mehrscheiben im Ölbad	Mehrscheiben im Ölbad
Hinterradantrieb	Kette	Kette	Kette	Kette	Kette
Starter	Kick	Kick	Kick	Kick / Elektro	Elektro
Fahrwerk					
Rahmen	Rückgrat-Pressstahlrahmen	Doppelschleifen-Rohrrahmen	Doppelschleifen-Rohrrahmen	Monocoque-Rahmen	Monocoque-Rahmen
Vorderradfederung	hydr. ged. Telegabel	hydr. ged. Telegabel	hydr. ged. Telegabel	hydr. ged. Telegabel	hydr. ged. Telegabel
Hinterradfederung	Schwinge mit hydr. ged. Federbeinen	Schwinge mit hydr. ged. Federbeinen	Schwinge mit hydr. ged. Federbeinen	Schwinge mit hydr. ged. Federbeinen	Schwinge mit hydr. ged. Federbeinen
Vorderradbremse	Trommel 175 mm	Trommel 180 mm	Scheibe 295 mm	Scheibe 260 mm	Scheibe 260 mm
Hinterradbremse	Trommel 157 mm	Trommel 158 mm	Trommel 158 mm	Trommel 158 mm	Trommel 158 mm
Vorderradreifen	2.75-18	3.00-18	3.00-18	2.75-18	2.75-18
Hinterradreifen	3.00-18	3.25-18	3.25-18	3.00-18	3.00-18
Allgemeine Daten					
Leergewicht (kg)	108	138	138	117	130
Tankinhalt (l)	12,5	13	17	8,5	8,5
Höchstgeschw. (km/h)	140	150	135	140	156

Jahr	1970–1972	1972–1976	1973–1976	1974–1978	1974–1978
Modell	Tornado 650	Tornado 650 S	Tornado 650 S 2	500 Quattro	750 Sei
Motor					
Hubraum (cm³)	643	643	643	498	747
Zylinder	2	2	2	4	6
Bohrung x Hub (mm)	84 x 58	84 x 58	84 x 58	56 x 50,8	56 x 50,6
Arbeitsweise	Viertakt	Viertakt	Viertakt	Viertakt	Viertakt
Steuerung	ohv	ohv	ohv	ohc	ohc
Gemischaufbereitung	Dellorto Ø 29	Dellorto Ø 29	Dellorto Ø 29	2 x Dellorto Ø 22	3 x Dellorto Ø 24
Ventile/Zylinder	2	2	2	2	2
Verdichtung	9:1	9:1	9:1	10,2:1	9,8,2:1
Kühlung	Luft	Luft	Luft	Luft	Luft
Leistung (PS bei U/min)	50/7200	45/6500	52/7200	44/8500	75/9000
Zündung	Batterie/Spule 12 V	Batterie/Spule 12 V	Batterie/Spule 12 V	Batterie/Spule 12 V	Batterie/Spule 12 V
Kraftübertragung					
Anz. Gänge	5	5	5	5	5
Kupplung	Mehrscheiben im Ölbad	Mehrscheiben im Ölbad	Mehrscheiben im Ölbad	Mehrscheiben im Ölbad	Mehrscheiben im Ölbad
Hinterradantrieb	Kette	Kette	Kette	Kette	Kette
Starter	Kick	Kick	Kick	Kick / Elektro	Kick / Elektro
Fahrwerk					
Rahmen	Doppelschleifen-Rohrrahmen	Doppelschleifen-Rohrrahmen	Doppelschleifen-Rohrrahmen	Doppelschleifen-Rohrrahmen	Doppelschleifen-Rohrrahmen
Vorderradfederung	hydr. ged. Telegabel	hydr. ged. Telegabel	hydr. ged. Telegabel	hydr. ged. Telegabel	hydr. ged. Telegabel
Hinterradfederung	Schwinge mit hydr. ged. Federbeinen	Schwinge mit hydr. ged. Federbeinen	Schwinge mit hydr. ged. Federbeinen	Schwinge mit hydr. ged. Federbeinen	Schwinge mit hydr. ged. Federbeinen
Vorderradbremse	Trommel 200 mm	Trommel 230 mm	Trommel 230 mm	Scheibe 280 mm	Scheibe 280 mm
Hinterradbremse	Trommel 200 mm	Trommel 200 mm	Trommel 200 mm	Trommel 200 mm	Trommel 200 mm
Vorderradreifen	3.50-18	3.50-18	3.50-18	3.50-18	3.50-18
Hinterradreifen	4.00-18	4.00-18	4.00-18	4.10-18	4.25-18
Allgemeine Daten					
Leergewicht (kg)	210	210	210	210	220
Tankinhalt (l)	14	12,5	12,5	22	22
Höchstgeschw. (km/h)	180	165	190	180	205
Stückzahl	k. A.	k. A.	k. A.	k. A.	3.204

Jahr	1976–1980	1976–1980	1978–1981	1978–1979	1979–1989
Modell	350 RS	500 LS	354 Sport	504 Sport	900 Sei
Motor					
Hubraum (cm³)	345	498	345	498	905
Zylinder	4	4	4	4	6
Bohrung x Hub (mm)	50 x 44	56 x 50,6	50 x 44	56 x 50,6	61,5 x 50,6
Arbeitsweise	Viertakt	Viertakt	Viertakt	Viertakt	Viertakt
Steuerung	ohc	ohc	ohc	ohc	ohc
Gemischaufbereitung	4 x Dellorto Ø 20	4 x Dellorto Ø 22	4 x Dellorto Ø 20	4 x Dellorto Ø 22	3 x Dellorto Ø 25
Ventile/Zylinder	2	2	2	2	2
Verdichtung	10,2:1	10:1	10,4:1	10,2:1	9,4:1
Kühlung	Luft	Luft	Luft	Luft	Luft
Leistung (PS bei U/min)	38/9500	49/9200	38/10200	52/8900	80/8500
Batterie (V/Ah)	12 V/ k.A.	12 / 13	12 V/ k.A.	12 / 15	12 / 28
Lichtmaschine (Watt)	180	180	280	280	150
Kraftübertragung					

Weiter auf nächster Seite >

Anz. Gänge	5	5	5	5	5
Kupplung	Mehrscheiben im Ölbad	Mehrscheiben im Ölbad	Mehrscheiben im Ölbad	Mehrscheiben im Ölbad	Mehrscheiben im Ölbad
Hinterradantrieb	Kette	Kette	Kette	Kette	Kette
Starter	Kick / Elektro	Kick / Elektro	Kick / Elektro	Kick / Elektro	Kick / Elektro
Fahrwerk					
Rahmen	Doppelschleifen-Rohrrahmen	Doppelschleifen-Rohrrahmen	Doppelschleifen-Rohrrahmen	Doppelschleifen-Rohrrahmen	Doppelschleifen-Rohrrahmen
Vorderradfederung	hydr. ged. Telegabel	hydr. ged. Telegabel	hydr. ged. Telegabel	hydr. ged. Telegabel	hydr. ged. Telegabel
Hinterradfederung	Schwinge mit hydr. ged. Federbeinen	Schwinge mit hydr. ged. Federbeinen	Schwinge mit hydr. ged. Federbeinen	Schwinge mit hydr. ged. Federbeinen	Schwinge mit hydr. ged. Federbeinen
Vorderradbremse	Scheibe 260 mm	Scheibe 258 mm	Scheibe 260 mm	Doppelscheibe	Doppelscheibe 300 mm
Hinterradbremse	Trommel 160 mm	Trommel 200 mm	Trommel 160 mm	Scheibe	Scheibe 280 mm
Vorderradreifen	3.00-18	3.50-18	3.00-18	3.00-18	100/90 H 18
Hinterradreifen	3.25-18	4.10-18	3.25-18	3.50-18	120/90 H 18
Allgemeine Daten					
Leergewicht (kg)	168	210	181	182	220
Tankinhalt (l)	15,5	19	15,5	15,5	22
Höchstgeschw. (km/h)	150	173	160	181	210
Stückzahl	k. A.	k. A.	k. A.	k. A.	1.908

> 1979 folgte die Benelli 900 Sei dem bisherigen Sechszylinder-Modell 750 Sei mit modernem, für manchen vielleicht gewöhnungsbedürftigen Design, neuem Fahrwerk und neuer Elektrik, aber im Prinzip mit dem alten Motor. Nicht einmal 2000 Exemplare konnte Benelli in zehn Jahren Bauzeit absetzen.

Kapitel 6
Beta

> Die erste Maschine aus dem neuen Beta-Werk in Rignano war eine voll wettbewerbstaugliche Enduro mit einem starken 125er Zweitaktmotor mit Fünfganggetriebe, der in einem Doppelschleifen-Rohrrahmen hing. Wie so viele italienische Maschinen dieser Zeit war auch die Beta Enduro 125 vor allem für den US-amerikanischen Markt bestimmt.

> Für 1976 optisch überarbeitet und mit noch mehr Leistung ausgestattet, wurde die Beta 125 GS weiterhin vor allem in die USA exportiert.

> Als 125 GS hatte die 125er Beta 1974 schon beachtliche 19 PS und ein Sechsganggetriebe. Die Italiener legten viel Wert darauf, den Zweitakter selbst entwickelt und gebaut zu haben, Anlehnungen an Fichtel & Sachs waren aber unverkennbar.

> Nach der Einführung der 125er Klasse bei der Moto-Cross-Weltmeisterschaft 1975 und dem Gewinn der italienischen Meisterschaft im Jahr darauf, bot Beta mit der 125 MC eine 24 PS starke, 85 kg leichte echt wettbewerbstaugliche Cross-Maschine für Privatfahrer an.

Die Firma wurde 1904 unter dem Namen Società Giuseppe Bianchi in Florenz gegründet und produzierte damals Fahrräder in Handarbeit. Im Zuge der Modernisierung des Unternehmens im Jahre 1940 wurde der Firmenname in BETA – aus den Initialen der beiden Gründer Enzo Bianchi und Arrigo Tosi – umbenannt. Die beiden begannen kleine Zweitaktmotoren in die hauseigenen Fahrradrahmen zu montieren. So verließen die ersten Motorräder das Werk.

In den 1960er Jahren begann Beta mit der Entwicklung und Produktion selbstentwickelter Motoren, die bis heute in eigenen Motorrädern und Motorrollern verbaut werden. Dabei handelte es sich bis Ende der 70er Jahre um einzylindrige Zweitaktmotoren mit 125 und 250 cm³ Hubraum, die in wettbewerbsfähige Moto-Cross- und Enduro-Fahrgestelle gesetzt wurden. Paolo Piron wurde mit einer solchen Maschine 1976 italienischer Moto-Cross-Meister in der 125er Klasse.

Erst später entwickelte man auch Viertaktmotoren, blieb aber stets dem Konzept des Einzylinders treu.
Im Jahre 1972 verlagerte Beta seinen Hauptsitz nach Rignano sull'Arno, wo seitdem hauptsächlich Kleinkrafträder, Leichtkrafträder, Hard-Enduros und Trial-Motorräder entstehen.

Die Beta-Modelle mit 125 cm³ im Überblick

Enduro 125	**1972–1973**	
1-Zyl.-2-Takt	123 cm³	18 PS / 8000 U/min
125 GS	**1974–1975**	
1-Zyl.-2-Takt	123 cm³	19 PS / 8500 U/min
125 GS	**1976–1978**	
1-Zyl.-2-Takt	123 cm³	20 PS / 9200 U/min
125 MC	**1977–1978**	
1-Zyl.-2-Takt	123 cm³	24 PS / 9800 U/min
125 RC	**1978–1980**	
1-Zyl.-2-Takt	123 cm³	26 PS / 9750 U/min
125 CR	**1978–1979**	
1-Zyl.-2-Takt	123 cm³	24 PS / 9800 U/min

> 125 CR nannten sich die Beta-Maschinen für Moto-Cross-Wettbewerbe ab 1978. 250 mm Federweg hatte die Ceriani-Telegabel, 260 mm die Hinterradfederung.

> Letzte Ausführung der Beta Enduro, jetzt mit der Bezeichnung 125 RC, in den 70er Jahren. 26 PS standen inzwischen zu Buche – zusammen mit dem ausgezeichneten Fahrwerk gute Voraussetzungen für die Teilnahme an internationalen Wettbewerben.

Die Beta-Modelle mit 250 cm³ im Überblick

250 GS	1974–1975	
1-Zyl.-2-Takt	248 cm³	30 PS / 7500 U/min
250 CR	**1974–1975**	
1-Zyl.-2-Takt	248 cm³	32 PS / 7750 U/min
250 GS	**1976–1977**	
1-Zyl.-2-Takt	248 cm³	34 PS / 8000 U/min
250 CR	**1976–1977**	
1-Zyl.-2-Takt	248 cm³	36 PS / 8250 U/min
250 GS	**1978–1979**	
1-Zyl.-2-Takt	248 cm³	34 PS / 8000 U/min
250 CR	**1978–1979**	
1-Zyl.-2-Takt	248 cm³	36 PS / 8250 U/min

> Zwei Jahre nach Einführung der ersten 125er GS war auch der bei Betamotor selbst entwickelte 250er Einzylinder-Zweitaktmotor fertig. Die damit angetriebenen Maschinen waren zunächst ausschließlich für den italienischen und den amerikanischen Markt gedacht.

> Parallel zur GS wurde 1974 auch die erste 250 Cross-Maschine als Beta 250 CR vorgestellt. International kamen die Maschinen nicht an Suzuki- oder ČZ-Modelle heran.

> Neues Design, neuer Rahmen mit markantem Heck und weiter gesteigerte Motorleistung – die Beta 250 GS in der Ausführung von 1976.

> Die letzte Ausführung der Beta 250 CR von 1976 mit dem Fächerzylinderkopf. Die Beta-Maschinen wurden – außer im eigenen Land – in Europa offiziell nicht angeboten. Hauptabnehmer war ein US-Importeur.

> Noch 1977 erhielten die Beta-Maschinen – im Bild die 250 MC – einen neuen Zylinder samt Zylinderkopf und ein Sechsganggetriebe. Die Leistungsdaten blieben zunächst unverändert.

> Die letzte Ausführung der Beta 250 GS der Jahre 1978/79 mit noch schräger gestellten und damit noch näher an den Schwingenpunkt gerückten Federbeinen und dem alljährlich wechselnden Design.

> Auch das Crossmodell Beta 250 CR von 1978 mit der jährlichen optischen Anpassung. Die Federwege betrugen vorn und hinten 250 bzw. 260 mm, der Tank fasste 9 Liter, das Kampfgewicht betrug 98 kg.

Jahr	1972–1973	1974–1975	1976–1978	1977–1978	1978–1980	1978–1979
Modell	Enduro 125	125 GS	125 GS	125 MC	125 RC	125 CR
Motor						
Hubraum (cm^3)	123	123	124	124	124	124
Zylinder	1	1	1	1	1	1
Bohrung x Hub (mm)	54 x 54	54 x 54	54 x 54	54 x 54	54 x 54	54 x 54
Arbeitsweise	Zweitakt	Zweitakt	Zweitakt	Zweitakt	Zweitakt	Zweitakt
Steuerung	Schlitz	Schlitz	Schlitz	Schlitz	Schlitz	Schlitz
Gemischaufbereitung	Dellorto Ø 29	Dellorto Ø 29	Dellorto	Bing Ø 36 mm	Dellorto Ø 36	Bing Ø 36 mm
Ventile/Zylinder	0	0	0	0	0	0
Verdichtung	11:1	13,5:1	13:1	13:1	13:1	13:1
Kühlung	Luft	Luft	Luft	Luft	Luft	Luft
Zündung	Schwunglicht-Magnetzündung 28/35 W	Schwunglicht-Magnetzündung	Schwunglicht-Magnetzündung, kontaktlos 6V/23W	Schwunglicht-Magnetzündung, kontaktlos 6V/28W	Schwunglicht-Magnetzündung	Schwunglicht-Magnetzündung, kontaktlos 6V/28W
Leistung (PS bei U/min)	18/8000	19/8500	20/9200	24/9800	26/9750	24/9800
Kraftübertragung						
Anz. Gänge	5	5	6	6	6	6
Kupplung	Mehrscheiben im Ölbad	Mehrscheiben im Ölbad	Mehrscheiben im Ölbad	Mehrscheiben im Ölbad	Mehrscheiben im Ölbad	Mehrscheiben im Ölbad

Weiter auf nächster Seite >

Hinterradantrieb	Kette	Kette	Kette	Kette	Kette	Kette
Starter	Kick	Kick	Kick	Kick	Kick	Kick
Fahrwerk						
Rahmen	Doppelschleifen-Rohrrahmen	Doppelschleifen-Rohrrahmen	Doppelschleifen-Rohrrahmen	Doppelschleifen-Rohrrahmen	Doppelschleifen-Rohrrahmen	Doppelschleifen-Rohrrahmen
Vorderradfederung	hydr. ged. Telegabel	hydr. ged. Telegabel	hydr. ged. Telegabel	hydr. ged. Telegabel	hydr. ged. Telegabel	hydr. ged. Telegabel
Hinterradfederung	Schwinge mit hydr. ged. Federbeinen	Schwinge mit hydr. ged. Federbeinen	Schwinge mit hydr. ged. Federbeinen	Schwinge mit hydr. ged. Federbeinen	Schwinge mit hydr. ged. Federbeinen	Schwinge mit hydr. ged. Federbeinen
Vorderradbremse	Trommel 136 mm	Trommel 136 mm	Trommel 130 mm	Trommel 130 mm	Trommel	Trommel 125 mm
Hinterradbremse	Trommel 125 mm	Trommel 136 mm	Trommel 130 mm	Trommel 130 mm	Trommel	Trommel 140 mm
Vorderradreifen	2.50-21	2.50-21	3.00-21	3.00-21	3.00-21	3.00-21
Hinterradreifen	3.50-18	3.50-18	3.75-18	3.50-18	4.00-18	4.00-18
Allgemeine Daten						
Leergewicht (kg)	92	92	90	85	95	85
Tankinhalt (l)	10	9	8	8	k. A.	8
Höchstgeschw. (km/h)	100	105	115	Einsatzabhängig	110	Einsatzabhängig

Jahr	1974–1975	1974–1975	1976–1977	1976–1977	1978–1979	1978–1979
Modell	250 GS	250 CR	250 GS	250 CR	250 GS	250 CR
Motor						
Hubraum (cm³)	248	248	249	249	249	249
Zylinder	1					
Bohrung x Hub (mm)	70 x 64,5	70 x 64,5	70 x 64,5	70 x 64,5	70 x 64,5	70 x 64,5
Arbeitsweise	Zweitakt	Zweitakt	Zweitakt	Zweitakt	Zweitakt	Zweitakt
Steuerung	Schlitz	Schlitz	Schlitz	Schlitz	Schlitz	Schlitz
Gemischaufbereitung	Dellorto Ø 36	Dellorto Ø 36	Bing Ø 36	Bing Ø 36	Bing Ø 36	Bing Ø 36
Ventile/Zylinder	0	0	0	0	0	0
Verdichtung	13:1	12,5:1	12:1	12:1	13:1	13:1
Kühlung	Luft	Luft	Luft	Luft	Luft	Luft
Leistung (PS bei U/min)	30/7400	32/7750	34/8000	36/8250	34/8000	36/8250
Zündung	kontaktlos, Thyristor	kontaktlos, Thyristor	Schwunglicht-Magnet 6 V/28 W	Motoplat-Schwungradzünder	Schwunglicht-Magnet 6 V/35 W	Motoplat-Schwungradzünder
Kraftübertragung						
Anz. Gänge	5	5	5	5	6	5
Kupplung	Mehrscheiben im Ölbad					
Hinterradantrieb	Kette	Kette	Kette	Kette	Kette	Kette
Starter	Kick	Kick	Kick	Kick	Kick	Kick
Fahrwerk						
Rahmen	Doppelschleifen-Rahmen	Doppelschleifen-Rahmen	Doppelschleifen-Rahmen	Doppelschleifen-Rahmen	Doppelschleifen-Rahmen	Doppelschleifen-Rahmen
Vorderradfederung	hydr. ged. Telegabel	hydr. ged. Telegabel	hydr. ged. Telegabel	hydr. ged. Telegabel	hydr. ged. Telegabel	hydr. ged. Telegabel
Hinterradfederung	Schwinge mit hydr. ged. Federbeinen	Schwinge mit hydr. ged. Federbeinen	Schwinge mit hydr. ged. Federbeinen	Schwinge mit hydr. ged. Federbeinen	Schwinge mit hydr. ged. Federbeinen	Schwinge mit hydr. ged. Federbeinen
Vorderradbremse	Trommel 140 mm	Trommel 140 mm	Trommel 140 mm	Trommel 140 mm	Trommel 140 mm	Trommel 140 mm
Hinterradbremse	Trommel 160 mm	Trommel 160 mm	Trommel 140 mm	Trommel 140 mm	Trommel 160 mm	Trommel 160 mm
Vorderradreifen	3.00-21	3.00-21	3.00-21	3.00-21	3.00-21	3.00-21
Hinterradreifen	4.00-18	4.00-18	4.00-18	4.50-18	4.50-18	4.50-18
Allgemeine Daten						
Leergewicht (kg)	112	112	103	98	98	98
Tankinhalt (l)	10	10	9,5	8	8	9
Höchstgeschw. (km/h)	125	125	125	Einsatzabhänging	120	Einsatzabhänging

Kapitel 7
Bimota

1965 gründeten die Herren Valerio Bianchi, Giuseppe Morri und Massimo Tamburini (Bi-Mo-Ta) in Rimini eine Firma für Heizungs- und Lüftungsanlagen. Tamburini fuhr nebenbei hobbymäßig Motorradrennen auf einer eigenen Honda 750. Nach einem Sturz, den er auf das schwache Fahrwerk der ansonsten starken Honda zurückführte, begann Tamburini für dieses Motorrad einen eigenen Rahmen aus Stahlrohr zu bauen. Die Sache gelang derart gut, dass weitere Eigenbaufahrwerke im Auftrag von Privatleuten entstanden.

> Bei allen Bimota-Typenbezeichnungen stand der erste Buchstabe für den Motorenlieferanten, der zweite für Bimota und die Zahl dahinter zeigte an, das wievielte Modell es mit dem jeweiligen Lieferanten war. Die HB-1 war also die erste Bimota-Maschine mit einem Honda-Motor. In diesem Fall der CB-750-Vierzylinder. (Foto: Husky Restoration)**

1972 begann Bimota zunächst nebenher mit diesem Geschäft, ehe man sich ab 1973 ausschließlich dem Motorradbau widmete. Das bedeutete: hochklassige japanische Motoren wurden in ebensolche, selbst entwickelte und gefertigte Fahrwerke gesetzt. Dabei war es den Machern wichtig, dass ihre Maschinen einerseits die Nähe zum Rennsport symbolisierten (alle Maschinen hatten stets eine Vollverkleidung), andererseits aber auch die Möglichkeit der Straßenzulassung mittels Beleuchtungsanlage und Nummernschildträger offen hielten. Bimota hatte sich bald als absolute Edelschmiede einen Namen gemacht, deren in Einzelanfertigung entstandenen Motorräder immer in der obersten Preisklasse zu finden waren.
1975 wurde Johnny Cecotto Motorrad-Weltmeister in der Klasse bis 350 cm³ auf Bimota-Yamaha. Spätestens damit war der internationale Durchbruch für den Hersteller erreicht. Für die Rennabteilungen von Harley-Davidson, Morbidelli und Paton entwickelte Bimota in den Jahren 1976 und 1977 spezielle Fahrwerke. Die nachfolgende Tabelle enthält lediglich die in (Klein)Serie gefertigten Renn- und Straßenmodelle.

Die Bimota-Modelle im Überblick

HB-1	**1975–1976**	**10 Stück**
4-Zyl.-4-Takt ohc	736 cm³	67 PS / 8000 U/min
SB-1	**1976–1980**	**ca. 50 Stück**
2-Zyl.-2-Takt	492 cm³	83 PS / 9000 U/min
SB-2	**1977–1979**	**140 Stück**
4-Zyl.-4-Takt dohc	748 cm³	75 PS / 8800 U/min
KB-1	**1978–1982**	**827 Stück**
4-Zyl.-4-Takt dohc	1016 cm³	94 PS / 8000 U/min

> Die Bimota KB-1 mit dem Triebwerk der Kawasaki Z 1 wurde zum ersten großen kommerziellen Erfolg der italienischen Edelschmiede. Nahezu in allen Belangen erhielt die KB-1 ausgezeichnete Noten, natürlich war es vor allem wieder das Chassis, das die volle Punktzahl einfuhr. (Foto: Jürgen Gassebner)

> Eine reinrassige Rennmaschine blieb die Bimota SB-1 mit dem 2-Zylinder-Zweitaktmotor der Suzuki TR 500. Das getunte und mit einer Wasserkühlung versehene Triebwerk kam auf erstaunliche 83 PS.

Bimota SB 2 – ein Rennmotorrad mit Straßenzulassung. Im Gitterrohrrahmen aus Stahl saß diesmal der Motor der Suzuki GS 750, der hier maximal 75 PS leistete und das Motorrad dank Verkleidung weit über 200 km/h schnell machte. (Foto: Silodrome)

Jahr	1975–1976	1976–1980	1977–1979	1978–1982
Modell	HB-1	SB-1	SB-2	KB-1
Motor				
Hubraum (cm³)	736	492	748	1016
Zylinder	4	2	4	4
Bohrung x Hub (mm)	61 x 63	70 x 54	65 x 56,4	70 x 66
Arbeitsweise	Viertakt	Zweitakt	Viertakt	Viertakt
Steuerung	ohc	Schlitz	dohc	dohc
Gemischaufbereitung	4 x Keihin Ø 28	2 x Mikuni Ø 38	4 x Mikuni Ø 26	4 x Mikuni Ø 28
Ventile/Zylinder	2	0	2	2
Verdichtung	9,2:1	6,4:1	6,4:1	8,7:1
Kühlung	Luft	Flüssigkeit	Luft	Luft
Leistung (PS bei U/min)	67/8000	83/9000	75/8800	94/8000
Zündung	Batterie	Batterie	Batterie 12 V/14 Ah	Batterie
Kraftübertragung				
Anz. Gänge	5	6	6	5
Kupplung	Mehrscheiben im Ölbad	Mehrscheiben trocken	Mehrscheiben im Ölbad	k. A.
Hinterradantrieb	Kette	Kette	Kette	Kette
Starter	Elektro	k. A.	k. A.	Elektro
Fahrwerk				
Rahmen	Doppelwiege-Rahmen, offen	Gitter-Rohrrahmen	Gitter-Rohrrahmen	Gitter-Rohrrahmen
Vorderradfederung	hydr. ged. Telegabel	hydr. ged. Telegabel	hydr. ged. Telegabel	hydr. ged. Telegabel
Hinterradfederung	Monoshok	Monoshok	Monoshok	Monoshok
Vorderradbremse	Doppelscheibe	Doppelscheibe 280 mm	Doppelscheibe 280 mm	Doppelscheibe 260 mm
Hinterradbremse	Scheibe	Scheibe 230 mm	Scheibe 260 mm	Scheibe 260 mm
Vorderradreifen	3.25-19	3.50-18	3.25-19	3.50-18
Hinterradreifen	4.00-18	4.25-18	4.00-18	130/80-18
Allgemeine Daten				
Radstand (mm)	k. A.	1360	1.390	k. A.
Leergewicht (kg)	200	121	185	193
Tankinhalt (l)	17	k. A.	18	14,6
Höchstgeschw. (km/h)	212	230	225	237
Stückzahl	10	50	140	827

Kapitel 8
Cimatti

Zunächst nur für die Produktion von Fahrrädern wurde das Unternehmen 1937 vom Radrennfahrer und Olympiateilnehmer Marco Cimatti in Bologna gegründet. Ab 1950 kamen Mopeds hinzu, später auch Mofas und auch sonst alles an Zweiradtypen, was mit 50-cm³-Zweitaktmotoren bestückt werden konnte. Ab Ende der 60er Jahre folgten leichte Motorräder, ebenfalls von Zweitaktmotoren angetrieben. Zwischen 1966 und 1968 gewannen Maschinen von Cimatti dreimal in Folge die italienischen 50 cm³-Trial-Meisterschaften. In den 70er und 80er Jahren produzierte das Unternehmen kleine Modellreihen, wie die »Kaiman«, das »City-Bike« oder das größere »Town-Bike«. Verwendet wurden stets Zweitaktmotoren von Morini oder Minarelli. Unter der späteren Leitung von Enrico Cimatti, dem Sohn des Firmengründers, belieferte die Firma auch die Märkte in Frankreich, Norwegen, Tunesien und den USA. Nach einer Konjunkturschwäche zu Beginn der 80er Jahre musste das Unternehmen im Jahr 1984 schließen.

> Ursprünglich nur auf 50-cm³-Maschinen fixiert, versuchte Cimatti ab Ende der 60er Jahre mit wenig Erfolg auch in größeren Zweitakthubraumklassen Fuß zu fassen. Im Bild die Kaiman Cross 175 von 1970.

> Das 125er Kaiman-Cross-Modell von Cimatti konnte sich dank guter Leistungsdaten besser auf dem Markt etablieren als die 175er. Bis etwa 1975 hielten die Italiener die Maschine im Programm.

Die Cimatti-Modelle im Überblick

Kaiman Cross 175	1969–1971	
1-Zyl.-2-Takt	170 cm³	12,5 PS / 6000 U/min
Kaiman 5/M 125	**1972–1975**	
1-Zyl.-2-Takt	124 cm³	18 PS / 9000 U/min
Ariete 125	**1972–1979**	
1-Zyl.-2-Takt	124 cm³	10 PS / 5700 U/min

Jahr	1969–1971	1972–1975	1972–1979
Modell	Kaiman Cross 175	Kaiman 5/M 125	Ariete 125
Motor			
Hubraum (cm³)	170	124	124
Zylinder	1	1	1
Bohrung x Hub (mm)	60 x 60	55 x 52	54 x 54
Arbeitsweise	Zweitakt	Zweitakt	Zweitakt
Steuerung	Schlitz	Schlitz	Schlitz
Gemischaufbereitung	Dellorto Ø 24	Dellorto	Dellorto Ø 36
Ventile/Zylinder	0	0	0
Verdichtung	9:1	11,5:1	9:1
Kühlung	Luft	Luft	Luft
Zündung	Schwunglicht-Magnet 6 V / 28 W	kontaktlos, Thyristor,	Schwunglicht-Magnet 6 V / 35 W
Leistung (PS bei U/min)	12,5/6000	18/9000	12/7000
Kraftübertragung			
Anz. Gänge	4	5	5
Kupplung	Mehrscheiben im Ölbad	Mehrscheiben im Ölbad	Mehrscheiben im Ölbad
Hinterradantrieb	Kette	Kette	Kette
Starter	Kick	Kick	Kick
Fahrwerk			
Rahmen	Doppelschleifen-Rohrrahmen	Doppelschleifen-Rohrrahmen	Doppelschleifen-Rohrrahmen
Vorderradfederung	hydr. ged. Telegabel	hydr. ged. Telegabel	hydr. ged. Telegabel
Hinterradfederung	Schwinge mit hydr. ged. Federbeinen	Schwinge mit hydr. ged. Federbeinen	Schwinge mit hydr. ged. Federbeinen
Vorderradbremse	Trommel 180 mm	Trommel 136 mm	Trommel 180
Hinterradbremse	Trommel 160 mm	Trommel 136 mm	Trommel 160
Vorderradreifen	3.00-18	2.50-21	3.00-18

Weiter auf nächster Seite >

Hinterradreifen	3.00-18	3.50-18	3.50-18
Allgemeine Daten			
Leergewicht (kg)	97	90	112
Tankinhalt (l)	11	8,5	10
Höchstgeschw. (km/h)	115	Einsatzabhänging	115

> Die Cimatti Ariete 125 war der Firma in Bologna so gut gelungen, dass sie mit wenigen Änderungen das ganze Jahrzehnt hindurch im Programm blieb. Der Motor von Franco Morini war weniger auf Sportlichkeit, denn auf Zuverlässigkeit und Robustheit ausgelegt.

Kapitel 9
CMK / Gabor

Der deutsche Ingenieur Otto Kohler, der in den Konstruktionsabteilungen von Kreidler und Zündapp Erfahrungen im Motorradbau gesammelt hatte, bei Maico an der Entwicklung des ersten Fünfgangtriebwerks beteiligt war, gründete 1966 in Italien eine kleine Motorrad-Manufaktur. Genauer gesagt in Rivoltella del Garda in der Provinz Brescia. Hier entstanden aus importierten Komponenten von Hercules und Zündapp erste 50-cm³-Enduros, die 1968 bei den Six Days in San Pellegrino debütierten. 1970 und 1971 gewannen diese Maschinen die italienische Enduromeisterschaft. Mit Doppelwiegerahmen aus Chrom-Molybdän-Stahlrohren, Ceriani-Stoßdämpfer vorne und hinten, 21-Zoll-Vorderrad, Lenkungsdämpfer, Fünfgang-Zündapp-Motorgehäuse mit ansonsten eigenen Triebwerkszutaten waren die Maschinen absolut konkurrenzfähig. Motoren und Maschinen liefen unter der Marke CMK, was für Costruzioni Meccaniche Kohler stand. Von 1968 bis 1971 entstanden in Kleinstserie Maschinen mit 50, 60 (75-cm³-Klasse) und 100 cm³.

Für die sogenannte zweite Serie entwarf Otto Kohler 1971 einen neuen Motor, der auch in den Hubräumen 125, 175 und 232 cm³, mit Fünf- und Sechsganggetrieben angeboten werden konnte. Obwohl es sich um ausgereifte Konstruktionen handelte, fuhr Kohler mit den bis 1974 rund 90 gebauten Maschinen keinen wirtschaftlichen Erfolg ein. 1976 wurde CMK vom Industriellen Guido Vicenza Borghin übernommen, der bis 1980 weiterentwickelte Kohler-Maschinen mit 75 und 125 cm³ unter Marke »Gabor« anbot.

Die CMK-Modelle im Überblick

Kohler 125 gs	**1972–1974**	
1-Zyl.-2-Takt	123 cm³	21 PS / 8500 U/min
Kohler 125 mc	**1972–1974**	
1-Zyl.-2-Takt	123 cm³	23 PS / 8500 U/min
Kohler 175 gs	**1972–1974**	
1-Zyl.-2-Takt	172 cm³	24 PS / 8200 U/min
Kohler 232 gs	**1972–1974**	
1-Zyl.-2-Takt	232 cm³	28 PS / 7200 U/min

Die Gabor-Modelle im Überblick

Gabor 125 gs	**1977–1980**	
1-Zyl.-2-Takt	123 cm³	24 PS / 8500 U/min

> In der sogenannten zweiten Serie bot Otto Kohler unter dem Markennamen CMK auch Maschinen mit 125, 175 und 232 cm³ Hubraum offiziell zum Verkauf an. Immerhin ließ er zwei – wenn auch bescheidene – Prospekte dafür drucken.

> In einer Zeitschriftenwerbung von 1974 stellte Kohler sein Programm letztmalig der Öffentlichkeit vor und verwies auf die Enduro-Siege der Klasse bis 50 cm³ in der italienischen Meisterschaft 1970 und 1971. Wichtig war Kohler auch zu zeigen, dass es sich um seine eigenen Motorenentwicklungen handelte.

Jahr	1972–1974	1972–1974	1972–1974	1972–1974	1977–1980
Modell	Kohler 125 gs	Kohler 125 mc	Kohler 175 gs	Kohler 232 gs	Gabor 125 gs
Motor					
Hubraum (cm³)	123	123	172	232	123
Zylinder	1	1	1	1	1
Bohrung x Hub (mm)	54 x 54	54 x 54	k.A.	k.A.	54 x 54
Arbeitsweise	Zweitakt	Zweitakt	Zweitakt	Zweitakt	Zweitakt
Steuerung	Schlitz	Schlitz	Schlitz	Schlitz	Schlitz
Ventile/Zylinder	0	0	0	0	0
Kühlung	Luft	Luft	Luft	Luft	Luft
Zündung	Schwunglicht-Magnetzündung	Schwunglicht-Magnetzündung	Schwunglicht-Magnetzündung	Schwunglicht-Magnetzündung	kontaktlos, Thyristor
Leistung (PS bei U/min)	21/8500	23/8500	24/8200	28/7200	24/8500
Kraftübertragung					
Anz. Gänge	5	5	5	5	6
Kupplung	Mehrscheiben im Ölbad	Mehrscheiben im Ölbad	Mehrscheiben im Ölbad	Mehrscheiben im Ölbad	Mehrscheiben im Ölbad
Hinterradantrieb	Kette	Kette	Kette	Kette	Kette
Starter	Kick	Kick	Kick	Kick	Kick
Fahrwerk					
Rahmen	Doppelschleifen-Rohrrahmen	Doppelschleifen-Rohrrahmen	Doppelschleifen-Rohrrahmen	Doppelschleifen-Rohrrahmen	Doppelschleifen-Rohrrahmen
Vorderradfederung	hydr. ged. Telegabel	hydr. ged. Telegabel	hydr. ged. Telegabel	hydr. ged. Telegabel	hydr. ged. Telegabel
Hinterradfederung	Schwinge mit hydr. ged. Federbeinen	Schwinge mit hydr. ged. Federbeinen	Schwinge mit hydr. ged. Federbeinen	Schwinge mit hydr. ged. Federbeinen	Schwinge mit hydr. ged. Federbeinen
Vorderradbremse	Trommel	Trommel	Trommel	Trommel	k. A.
Hinterradbremse	Trommel	Trommel	Trommel	Trommel	k. A.
Vorderradreifen	2.75-21	2.75-21	3.00-21	3.00-21	3.00-21
Hinterradreifen	3.50-18	3.50-18	3.50-18	4.00-18	4.00-18
Allgemeine Daten					
Leergewicht (kg)	90	87	92	94	87
Tankinhalt (l)	9	9	9	9	8,5
Höchstgeschw. (km/h)	115	Einsatzabhängig	120	130	120

> 1977 erschienen optisch und technisch weiterentwickelte ehemalige CMK-Maschinen mit 75 und 125 cm³ Hubraum unter der Marke »Gabor«. Die 75er waren insofern interessant, als es die Klasse immer noch offiziell bei nationalen und internationalen Veranstaltungen gab und kleine Starterfelder vordere Platzierungen versprachen.

Kapitel 10

Ducati

> Ursprünglich nur für die Märkte in Italien und den USA entwickelt, wurden die Scrambler-Modelle von Ducati auch in Europa zu Verkaufsschlagern. Ab 1969 setzte Ducati die für die Mark-Baureihe geschaffenen 350er und 450er Einzylindermotoren auch in die Scrambler-Typen ein.

> In einen Doppelschleifen-Rohrrahmen, wie man ihn sonst bei Wettbewerbs-Enduros sah, setzte Ducati 1971 einen 125er Viertaktmotor aus spanischer Lizenzfertigung, der nur schlappe 10 PS leistete und auch mit dafür sorgte, dass die Ducati Scrambler 125 eher ein Ladenhüter blieb.

Ducati wurde 1926 von den Brüdern Adrianao und Marcello Ducati in Bologna gegründet. Die »Societa Scientifica Radiobrevetti Ducati« fertigte anfangs ausschließlich Radios. Erst in der Nachkriegszeit stieg man mit dem Cucciolo, einem Viertakt-Hilfsmotor für Fahrräder, in den Zweiradmarkt ein. In den fünfziger Jahren erfolgte der Übergang zum Bau kompletter Fahrzeuge und Motorroller. Als der Ingenieur Fabio Taglioni von Mondial kommend ab 1954 die Entwicklung bei Ducati in die Hand nahm, ging es mit großen Schritten vorwärts. Seitdem engagierte sich die Marke auch stark im Motorradsport und gewann einige Dutzend Titel. Die schon in den Rennmodellen eingesetzte Desmodromik, das hieß Zwangssteuerung der Ventile mittels Hebelmechanik, hielt ab 1968 auch in den Serienmodellen Einzug.

In den sechziger Jahren hatte sich die Produktpalette erweitert: Ducati bot Mofas und Roller, Touren- und Sportmotorräder an. Die Einzylindermodelle der Mittelklasse und die 750er Zweizylinder brachten Ducati in den siebziger Jahren hohes internationales Ansehen ein. Der Absatz florierte, die in vier bzw. drei Hubraumgrößen lieferbaren Scrambler- und Mark-Modelle waren echte Hits. Bei den Sportmodellen boten die 750 und 900 Supersport alles, was man sich nur wünschen konnte; Ducati hatte sich selbst mit den Zweizylinder-V-Maschinen ein Denkmal und eine Jahrzehnte währende Entwicklungsbasis gesetzt. Wie nur wenige Marken auf dem Motorradmarkt, hat es diese italienische geschafft, bis heute Kult zu sein und eine große Fangemeinschaft um sich zu scharen.

In den Achtziger Jahren wurde Ducati Teil der Cagiva-Gruppe.

> Schon seit 1962 hatte es bei Ducati ein 250er Scrambler-Modell gegeben, das damals noch sehr nach Offroad aussah. Die für 1968 überarbeitete Maschine mit Fünfganggetriebe war jetzt alltagstauglicher, was vor allem dem europäischen Markt entgegenkam. Bis 1974 erfuhren die Scrambler-Modelle zahlreiche Änderungen.

Die Ducati-Scrambler-Modelle im Überblick

250 Scrambler	**1968–1974**	
1-Zyl.-4-Takt ohc	249 cm^3	18 PS / 7500 U/min
350 Scrambler	**1969–1974**	
1-Zyl.-4-Takt ohc	340 cm^3	24 PS / 8500 U/min
450 Scrambler	**1969–1974**	
1-Zyl.-4-Takt ohc	436 cm^3	27 PS / 7000 U/min
125 Scrambler	**1971–1973**	
1-Zyl.-4-Takt ohc	124 cm^3	10 PS / 8500 U/min

Die Ducati-Mark 3- und Desmo-Modelle im Überblick

250 Mark 3	**1967–1974**	
1-Zyl.-4-Takt ohc	249 cm³	18 PS / 7500 U/min
350 Mark 3	**1968–1974**	
1-Zyl.-4-Takt ohc	340 cm³	24 PS / 8500 U/min
450 Mark 3	**1968–1974**	
1-Zyl.-4-Takt ohc	436 cm³	27 PS / 7000 U/min
250 Mark 3D	**1968–1971**	
1-Zyl.-4-Takt ohc Desmodromik	249 cm³	20 PS / 8000 U/min
350 Mark 3D	**1968–1971**	
1-Zyl.-4-Takt ohc Desmodromik	340 cm³	26 PS / 8000 U/min
450 Mark 3D	**1968–1971**	
1-Zyl.-4-Takt ohc Desmodromik	436 cm³	31 PS / 7000 U/min
250 Desmo	**1971–1974**	
1-Zyl.-4-Takt ohc Desmodromik	249 cm³	20 PS / 8000 U/min
350 Desmo	**1971–1974**	
1-Zyl.-4-Takt ohc Desmodromik	340 cm³	26 PS / 8000 U/min
450 Desmo	**1971–1974**	
1-Zyl.-4-Takt ohc Desmodromik	436 cm³	31 PS / 7000 U/min

> Ab 1968 konnten die Mark 3-Modelle von 250 bis 450 cm³ auch mit desmodromischer Ventilsteuerung geordert werden. Das »D« in der Typenbezeichnung kennzeichnete diese Maschinen mit besserer Leistungscharakteristik.

> Ab 1967 startete Ducati die Modellreihe Mark 3 mit dem 250-cm³-Viertaktmotor mit im Kopf hängenden Ventilen, gesteuert über Königswelle und Kipphebel. Ab 1968 kamen die Maschinen mit den erweiterten Hubräumen von 350 und 450 cm³ dazu.

> Um sich optisch von den Mark 3-Modellen abzuheben, erschienen die desmodromisch gesteuerten Modelle ab 1971 in einem neuen, sportlich orientierten Design. Die Leistungsdaten blieben dabei unverändert. Im Bild eine Ducati 350 Desmo von 1972. (Foto: Audi)

> 1973 wurde das Design der Desmo-Typen nochmals überarbeitet und ähnelte jetzt dem Modell 750 Sport. Neu waren die Elektronikzündung, die 12-V-Bordspannung mit 80 W Lichtmaschine und wahlweise Trommel- oder Scheibenbremse am Vorderrad. (Foto: El Caganer)

Die Ducati-Cross- und Enduro-Modelle im Überblick

450 D R/T	**1971**	
1-Zyl.-4-Takt ohc Desmodromik	436 cm³	31 PS / 7000 U/min
Regolarità 450 Desmo	**1971–1973**	
1-Zyl.-4-Takt ohc Desmodromik	436 cm³	31 PS / 7000 U/min
Regolarità 125 I.S.D.T.	**1975–1978**	
1-Zyl.-2-Takt	124 cm³	22 PS / 9000 U/min
125 Six Days Enduro	**1977–1978**	
1-Zyl.-2-Takt	124 cm³	25 PS / 10800 U/min

> Speziell für den amerikanischen Markt bot Ducati 1971 das Moto-Cross-Modell 450 D R/T an. Zwar wurde die Maschine auch in Europa angeboten und ausdrücklich als Wettbewerbsmodell beworben, hatte tatsächlich aber in der Halbliter-Cross-Klasse kaum eine Chance.

> Der Ducati US-Importeur Berliner Brothers Motor war Hauptinitiator einiger Ducati-Maschinen wie zum Beispiel der oben genannten Crossmaschine, die als straßenzulassungsfähige Enduro mit der Bezeichnung Regolarità 450 Desmo mehr Erfolg hatte.

> Die Sorge um Marktanteile im starken italienischen Segment der 125er Zweitaktenduros ließ Ducati eine eigene, kostspielige Entwicklung starten, die 1975 als Regolarità 125 oder 125 I.S.D.T. auf die internationalen Märkte kam. Die Buchstaben standen für die Internationale Sechstagefahrt, die 1974 in Italien – allerdings ohne Ducati-Beteiligung – stattgefunden hatte.

> Die 1977er Variante der Regolarità 125 mit einigen optischen Änderungen. Die Leistungsdaten und das Fahrgestell waren noch unverändert geblieben.

DUCATI
125
DUCATI

> Bessere Federwege und ein in seiner Leistung gesteigerter Motor kennzeichneten die ab 1977 ausgelieferte 125 Six Days Enduro. In den Starterlisten der Sechstagefahrt suchte man die Maschine allerdings vergeblich.

Die Ducati T/S im Überblick

450 T/S	1971–1972	
1-Zyl.-4-Takt ohc	436 cm^3	27 PS / 7000 U/min

Die Ducati-V2-Modelle im Überblick

750 GT	1971–1974	5.760 Stück
2-Zyl.-4-Takt ohc	748 cm^3	60 PS / 7800 U/min
750 S	**1972–1974**	**2.880 Stück**
2-Zyl.-4-Takt ohc	748 cm^3	64 PS / 7800 U/min
750 SS	**1973–1977**	**1.020 Stück**
2-Zyl.-4-Takt ohc Desmodromik	748 cm^3	70 PS / 8800 U/min
860 GT	**1974–1976**	**k. A.**
2-Zyl.-4-Takt ohc	864 cm^3	65 PS / 7000 U/min
860 GTS	**1976–1978**	**k. A.**
2-Zyl.-4-Takt ohc	864 cm^3	65 PS / 7000 U/min
900 GTS	**1978–1979**	**k. A.**
2-Zyl.-4-Takt ohc	864 cm^3	65 PS / 7000 U/min
900 SS	**1975–1982**	**6.103 Stück**
2-Zyl.-4-Takt ohc Desmodromik	864 cm^3	72 PS / 7200 U/min
900 SD Darmah	**1977–1983**	**k. A.**
2-Zyl.-4-Takt ohc Desmodromik	864 cm^3	68 PS / 7000 U/min
500 SL Pantah	**1979–1980**	**k. A.**
2-Zyl.-4-Takt ohc Desmodromik	499 cm^3	49 PS / 8500 U/min

> Zu Beginn der 70er Jahre passte diese Maschine in keine Schublade mehr: Die Ducati 450 T/S, eine Tourenmaschine mit dem Königswellen-Einzylinder ohne Desmodromik und einem Design, das nur auf den US-amerikanischen Markt passte.

> Ducatis V-2-Modelle mit querliegender Kurbelwelle und zwei Königswellen waren ein großer Wurf, der die Marke schließlich zur Legende machte. Die 750 GT machte 1971 den Anfang, noch ohne Desmodromik und noch nicht überzeugenden 60 PS.

> Mit ein paar PS mehr ließ Ducati der GT 1972 die 750 S folgen. S stand für Sport, was neben mehr Leistung auch eine sportliche Optik mit Stummellenker, zurückgesetzten Fußrasten, Monohöcker und einer wahlweise lieferbaren Halbschalen-Verkleidung bedeutete. Die Maschine entstand – wie die GT – in zwei Bauserien, im Bild ein Modell von 1973. (Foto: Bikepics)

> Die Ducati 750 SS der ersten Baureihe 1973/74, mit dem sogenannten »Rundmotor«, mit Fiberglastank (und transparenten Sichtstreifen), 40er Dellorto-Vergaser mit offenen Ansaugtrichtern und ausgesucht feinsten Motor- und Getriebeteilen, gilt heute als echter Meilenstein der Motorradgeschichte. Nur gut 400 Exemplare wurden gebaut.

> In zwei weiteren Bauserien der Ducati SS 750 von 1975 bis 1977 wurde das Gesamtkonzept unter anderem mit Stahltank, kleineren Vergasern, leiser Auspuffanlage und Luftfilterkasten verwässert. Immerhin gab es jetzt eine Elektronikzündung und eine 200-Watt-Lichtmaschine.

> 1974 löste die etwas moderner designte und mit mehr Hubraum/Leistung bei gleichzeitig besserem Drehmomentverlauf ausgestattete Ducati 860 GT das Modell 750 GT ab.

> Ein etwas gefälliger geformter Tank mit neuem Dekor, eine neue Sitzbank, neue Intrumente, ein schmalerer Lenker und eine Doppelscheibenbremse – fertig war die Ducati 860 GTS, die 1978 mit kleinen Änderungen in 900 GTS umgetauft wurde.

> Die Ducati 900 SS folgte im Design exakt der 750er Super Sport. Das Bild zeigt die 900er der zweiten Bauserie von 1976/77. Mit Desmodromik kam der 864-cm³-Motor jetzt auf 72 PS bei moderaten 7200 Umdrehungen.

> In insgesamt vier Serien wurde die äußerst beliebte Ducati SS 900 bis 1982 produziert, zuletzt auch mit Gussrädern und schwarz-goldener Lackierung. Etliche dieser Maschinen wurden sowohl fahrwerks- wie auch motorseitig für den Rennsport aufgerüstet.

> Ende 1976 stellte Ducati mit der 900 SD Darmah das erste 900er Tourenmodell mit Desmodromik-Motor vor. SD stand dabei für Sport Desmodromik, »Darmah« bedeutete so etwas wie die Initialzündung. Das Design hatte man schon bei den Reihenzweizylindern gesehen und stammte von Leopoldo Tartarini.

> Mit überarbeiteter Sitzbank und auch sonst einigen optischen Änderungen, ging die Ducati 900 SD Darmah ab 1979 in die zweite Runde.

> Bereits 1977 stellte Ducati seinen neuen Supersportler 500 SL Pantah noch in dieser Ausführung mit den auffälligen Campagnolo Konusbremsnaben und der bis unter den Motor reichenden Verkleidung vor. Erstmals wurde auf die Königswellen verzichtet, dafür übernahmen Zahnriemen die Ventilsteuerung.

> So ging die Ducati 500 SL Pantah dann 1979 tatsächlich in die Serienproduktion. Der Kurzhuber leistete 49 PS, die die rund 200 kg schwere Maschine bis auf 185 km/h beschleunigten. Eine Besonderheit war die im Motorgehäuse gelagerte Hinterradschwinge.

> Im mittleren Hubraumbereich waren die alten Königswellen-Einzylinder Mitte der 70er Jahre kaum noch absetzbar. Deshalb hatte man bei Ducati schon zu Beginn des Jahrzehnts mit der Konstruktion neuer Zweizylinder-Viertaktmodelle begonnen, die 1975 serienreif waren.

Die Ducati-Modelle mit Zweizylinder-Reihenmotor im Überblick

350 GTL	1975–1977	
2-Zyl.-4-Takt ohc	350 cm³	24 PS / 7500 U/min
500 GTL	**1975–1977**	
2-Zyl.-4-Takt ohc	496 cm³	39 PS / 7500 U/min
350 SD	**1977–1980**	
2-Zyl.-4-Takt ohc Desmodromik	350 cm³	26 PS / 8000 U/min
500 SD	**1977–1980**	
2-Zyl.-4-Takt ohc Desmodromik	496 cm³	43 PS / 8000 U/min
350 GTV	**1978–1980**	
2-Zyl.-4-Takt ohc	350 cm³	24 PS / 8000 U/min
500 GTV	**1978–1980**	
2-Zyl.-4-Takt ohc	496 cm³	39 PS / 7500 U/min

> Die Modelle 350 GTL (vorangegangenes Bild) und 500 GTL blieben den Ducati-Fans suspekt: wenig sportlich, ungewöhnliches Motordesign und technische Probleme machten die Maschinen zu Ladenhütern.

> Den zumindest im Ausland wenig erfolgreichen GTL-Modellen stellte Ducati 1977 die sportlicher orientierten SD-Modelle zur Seite. Das D stand wieder für Desmodromik, welche der Ducati 350 SD zu zwei PS mehr Leistung verhalf.

> Die SD-Modelle hatten einen neuen Doppelschleifen-Rohrrahmen, Gussräder und Doppelscheibenbremsen im Vorderrad erhalten. Auch hinten bremste eine Bremboscheibe die 500 SD aus maximal 180 km/h sicher ab.

> 1978 lösten die GTV-Modelle mit 350 und 500 cm³ Hubraum die unglücklichen GTL-Typen ab. Jetzt mit dem Fahrwerk der SD-Modelle hatten die letzten Reihenzweizylinder von Ducati noch ein sportlicheres Finish mit Edelstahlschutzblechen und geschwärzten Motorteilen erhalten.

Jahr	1968–1974	1969–1974	1969–1974	1971–1973
Modell	250 Scrambler	350 Scrambler	450 Scrambler	125 Scrambler
Motor				
Hubraum (cm³)	249	340	436	124
Zylinder	1	1	1	1
Bohrung x Hub (mm)	74 x 57,8	76 x 75	86 x 75	55,2 x 52
Arbeitsweise	Viertakt	Viertakt	Viertakt	Viertakt
Steuerung	ohc	ohc	ohc	ohc
Gemischaufbereitung	Dellorto Ø 27	Dellorto Ø 29	Dellorto Ø 29	Amal Ø 20
Ventile/Zylinder	2	2	2	2
Verdichtung	9,3:1	9,3:1	9,3:1	8,5:1
Kühlung	Luft	Luft	Luft	Luft
Leistung (PS bei U/min)	18/7500	24/8500	27/7000	10/8500
Batterie (V/Ah)	6 V	6 V	6 V	6 V
Lichtmaschine (Watt)	70 W	70 W	70 W	60 W
Kraftübertragung				
Anz. Gänge	5	5	5	5
Kupplung	Mehrscheiben im Ölbad	Mehrscheiben im Ölbad	Mehrscheiben im Ölbad	Mehrscheiben im Ölbad
Hinterradantrieb	Kette	Kette	Kette	Kette
Starter	Kick	Kick	Kick	Kick
Fahrwerk				
Rahmen	Rohrrahmen, zweidimensional	Rohrrahmen, zweidimensional	Rohrrahmen, zweidimensional	Doppelschleifen-Rohrrahmen
Vorderradfederung	hydr. ged. Telegabel	hydr. ged. Telegabel	hydr. ged. Telegabel	hydr. ged. Telegabel
Hinterradfederung	Schwinge mit hydr. ged. Federbeinen	Schwinge mit hydr. ged. Federbeinen	Schwinge mit hydr. ged. Federbeinen	Schwinge mit hydr. ged. Federbeinen
Federweg vorne (mm)	120	120	120	160
Federweg hinten (mm)	70	70	70	80
Vorderradbremse	Trommel 180 mm	Trommel 180 mm	Trommel 180 mm	Trommel 160 mm
Hinterradbremse	Trommnel 160 mm	Trommnel 160 mm	Trommnel 160 mm	Trommnel 136 mm
Vorderradreifen	3.50-19	3.50-19	3.50-19	2.50-19
Hinterradreifen	4.00-18	4.00-18	4.00-18	3.50-18
Allgemeine Daten				
Leergewicht (kg)	130	135	140	105
Tankinhalt (l)	11,4	11,4	11,4	8
Höchstgeschw. (km/h)	125	130	135	100

Jahr	1967–1974	1968–1974	1968–1974	1968–1971	1968–1971	1968–1971
Modell	250 Mark 3	350 Mark 3	450 Mark 3	250 Mark 3D	350 Mark 3D	450 Mark 3D
Motor						
Hubraum (cm³)	249	340	436	249	340	436
Zylinder	1	1	1	1	1	1
Bohrung x Hub (mm)	74 x 57,8	76 x 75	86 x 75	74 x 57,8	76 x 75	86 x 75
Arbeitsweise	Viertakt	Viertakt	Viertakt	Viertakt	Viertakt	Viertakt
Steuerung	ohc	ohc	ohc	ohc Desmodromik	ohc Desmodromik	ohc Desmodromik
Gemischaufbereitung	Dellorto Ø 27	Dellorto Ø 29	Dellorto Ø 29	Dellorto Ø 27	Dellorto Ø 29	Dellorto Ø 29
Ventile/Zylinder	2	2	2	2	2	2
Verdichtung	9,7:1	9,5:1	9,3:1	9,3:1	9,5:1	9,3:1
Kühlung	Luft	Luft	Luft	Luft	Luft	Luft
Leistung PS bei U/min)	18/7500	24/8500	27/7000	20/8000	26/8000	31/7000
Batterie (V/Ah)	6 V	6 V	6 V	6 V	6 V	6 V
Lichtmaschine (Watt)	70 W	70 W	70 W	70 W	70 W	70 W
Kraftübertragung						
Anz. Gänge	5	5	5	5	5	5
Kupplung	Mehrscheiben im Ölbad	Mehrscheiben im Ölbad	Mehrscheiben im Ölbad	Mehrscheiben im Ölbad	Mehrscheiben im Ölbad	Mehrscheiben im Ölbad

Hinterradantrieb	Kette	Kette	Kette	Kette	Kette	Kette
Starter	Kick	Kick	Kick	Kick	Kick	Kick
Fahrwerk						
Rahmen	Rohrrahmen, zweidimensional	Rohrrahmen, zweidimensional	Rohrrahmen, zweidimensional	Rohrrahmen, zweidimensional	Rohrrahmen, zweidimensional	Rohrrahmen, zweidimensional
Vorderradfederung	hydr. ged. Telegabel	hydr. ged. Telegabel	hydr. ged. Telegabel	hydr. ged. Telegabel	hydr. ged. Telegabel	hydr. ged. Telegabel
Hinterradfederung	Schwinge mit hydr. ged. Federbeinen	Schwinge mit hydr. ged. Federbeinen	Schwinge mit hydr. ged. Federbeinen	Schwinge mit hydr. ged. Federbeinen	Schwinge mit hydr. ged. Federbeinen	Schwinge mit hydr. ged. Federbeinen
Federweg vorne (mm)	120	120	120	120	120	120
Federweg hinten (mm)	70	70	70	70	70	70
Vorderradbremse	Trommel 180 mm	Trommel 180 mm	Trommel 180 mm	Trommel 180 mm	Trommel 180 mm	Trommel 180 mm
Hinterradbremse	Trommnel 160 mm	Trommnel 160 mm	Trommnel 160 mm	Trommnel 160 mm	Trommnel 160 mm	Trommnel 160 mm
Vorderradreifen	2.75-18	2.75-18	2.75-18	2.75-18	2.75-18	2.75-18
Hinterradreifen	3.00-18	3.00-18	3.00-18	3.00-18	3.00-18	3.00-18
Allgemeine Daten						
Leergewicht (kg)	127	128	130	131	132	135
Tankinhalt (l)	13	13	13	13	13	13
Höchstgeschw. (km/h)	135	140	145	160	165	168

Jahr	1971–1974	1971–1974	1971–1974
Modell	250 Desmo	350 Desmo	450 Desmo
Motor			
Hubraum (cm³)	249	340	436
Zylinder	1	1	1
Bohrung x Hub (mm)	74 x 57,8	76 x 75	86 x 75
Arbeitsweise	Viertakt	Viertakt	Viertakt
Steuerung	ohc Desmodromik	ohc Desmodromik	ohc
Gemischaufbereitung	Dellorto Ø 27	Dellorto Ø 29	Dellorto Ø 29
Ventile/Zylinder	2	2	2
Verdichtung	9,7:1	9,5:1	9,3:1
Kühlung	Luft	Luft	Luft
Leistung (PS bei U/min)	20/8000	26/8000	31/7000
Batterie (V/Ah)	6 V	6 V	6 V
Lichtmaschine (Watt)	70 W	70 W	70 W
Kraftübertragung			
Anz. Gänge	5	5	5
Kupplung	Mehrscheiben im Ölbad	Mehrscheiben im Ölbad	Mehrscheiben im Ölbad
Hinterradantrieb	Kette	Kette	Kette
Starter	Kick	Kick	Kick
Fahrwerk			
Rahmen	Rohrrahmen, zweidimensional	Rohrrahmen, zweidimensional	Rohrrahmen, zweidimensional
Vorderradfederung	hydr. ged. Telegabel	hydr. ged. Telegabel	hydr. ged. Telegabel
Hinterradfederung	Schwinge mit hydr. ged. Federbeinen	Schwinge mit hydr. ged. Federbeinen	Schwinge mit hydr. ged. Federbeinen
Federweg vorne (mm)	120	120	120
Federweg hinten (mm)	70	70	70
Vorderradbremse	Trommel 180 mm	Trommel 180 mm	Trommel 180 mm
Hinterradbremse	Trommnel 160 mm	Trommnel 160 mm	Trommnel 160 mm
Vorderradreifen	3.25-18	3.25-18	3.25-18
Hinterradreifen	3.50-18	3.50-18	3.50-18
Allgemeine Daten			
Leergewicht (kg)	131	132	135
Tankinhalt (l)	13	13	13
Höchstgeschw. (km/h)	160	165	168

Jahr	1971	1971–1973	1975–1978	1977–1978
Modell	450 D R/T	Regolaritá 450 Desmo	Regolaritá 125 I.S.D.T.	125 Six Days Enduro
Motor				
Hubraum (cm³)	436	436	124	124
Zylinder	1	1	1	1
Bohrung x Hub (mm)	86 x 75	86 x 75	54 x 54	54 x 54
Arbeitsweise	Viertakt	Viertakt	Zweitakt	Zweitakt
Steuerung	ohc Desmodromik	ohc Desmodromik	Schlitz	Schlitz
Gemischaufbereitung	Dellorto Ø 29	Dellorto Ø 29	Dellorto Ø 30	Dellorto Ø 30
Ventile/Zylinder	2	2	0	0
Verdichtung	9,3:1	9,3:1	12,4:1	12,4:1
Kühlung	Luft	Luft	Luft	Luft
Leistung (PS bei U/min)	31/7000	31/7000	22/9000	25/10800
Zündung	Schwunglicht-Magnet 6 V/30 W	kontaktlos, Thyristor 12 V/60 W	kontaktlos, Thyristor 6 V / 75 W	kontaktlos, Thyristor 6 V / 75 W
Kraftübertragung				
Anz. Gänge	5	5	6	6
Kupplung	Mehrscheiben im Ölbad	Mehrscheiben im Ölbad	Mehrscheiben im Ölbad	Mehrscheiben im Ölbad
Hinterradantrieb	Kette	Kette	Kette	Kette
Starter	Kick	Kick	Kick	Kick
Fahrwerk				
Rahmen	Rohrrahmen, zweidimensional	Rohrrahmen, zweidimensional	Doppelschleifen-Rohrrahmen	Doppelschleifen-Rohrrahmen
Vorderradfederung	hydr. ged. Telegabel	hydr. ged. Telegabel	hydr. ged. Telegabel	hydr. ged. Telegabel
Hinterradfederung	Schwinge mit hydr. ged. Federbeinen	Schwinge mit hydr. ged. Federbeinen	Schwinge mit hydr. ged. Federbeinen	Schwinge mit hydr. ged. Federbeinen
Federweg vorne (mm)	175	175	200	240
Federweg hinten (mm)	80	80	80	200
Vorderradbremse	Trommel 160 mm	Trommel 160 mm	Trommel 125 mm	Trommel 125 mm
Hinterradbremse	Trommnel 160 mm	Trommnel 160 mm	Trommnel 140 mm	Trommnel 140 mm
Vorderradreifen	3.00-21	3.00-21	3.00-21	3.00-21
Hinterradreifen	4.00-18	4.00-18	3.75-18	4.00-18
Allgemeine Daten				
Leergewicht (kg)	121	125	112	97
Tankinhalt (l)	10	10	7	8
Höchstgeschw. (km/h)	Einsatzabhänging	150	110	120

Jahr	1971–1972
Modell	450 TS
Motor	
Hubraum (cm³)	436
Zylinder	1
Bohrung x Hub (mm)	86 x 75
Arbeitsweise	Viertakt
Steuerung	ohc
Gemischaufbereitung	Dellorto Ø 29
Ventile/Zylinder	2
Verdichtung	8,3:1
Kühlung	Luft
Leistung (PS bei U/min)	20/5000
Batterie (V/Ah)	12 V
Lichtmaschine (Watt)	100 W
Kraftübertragung	
Anz. Gänge	5
Kupplung	Mehrscheiben im Ölbad

Jahr	1971–1972
Hinterradantrieb	Kette
Starter	Kick
Fahrwerk	
Rahmen	Rohrrahmen, zweidimensional
Vorderradfederung	hydr. ged. Telegabel
Hinterradfederung	Schwinge mit hydr. ged. Federbeinen
Federweg vorne (mm)	120
Federweg hinten (mm)	70
Vorderradbremse	Trommel 180 mm
Hinterradbremse	Trommel 180 mm
Vorderradreifen	3.50-19
Hinterradreifen	3.50-19
Allgemeine Daten	
Leergewicht (kg)	155
Tankinhalt (l)	15
Höchstgeschw. (km/h)	125

Jahr	1971–1974	1972–1974	1973–1977	1974–1976	1976–1978
Modell	750 GT	750 S	750 SS	860 GT	860 GTS
Motor					
Hubraum (cm³)	748	748	748	864	864
Zylinder	2	2	2	2	2
Bohrung x Hub (mm)	80 x 74,4	80 x 74,4	80 x 74,4	86 x 74,4	86 x 74,4
Arbeitsweise	Viertakt	Viertakt	Viertakt	Viertakt	Viertakt
Steuerung	ohc	ohc	ohc Desmodromik	ohc Desmodromik	ohc Desmodromik
Gemischaufbereitung	2 x Amal Ø 30	2 x Amal Ø 32	2 x Dellorto Ø 40	2 x Dellorto Ø 32	2 x Dellorto Ø 32
Ventile/Zylinder	2	2	2	2	2
Verdichtung	8,5:1	9,4:1	9,5:1	9,5:1	9,5:1
Kühlung	Luft	Luft	Luft	Luft	Luft
Leistung (PS bei U/min)	60/7800	64/7800	73/8000	65/7000	65/7000
Batterie (V/Ah)	12/ k. A.	12/ k. A.	12/ k. A.	12/ k. A.	12/ k. A.
Lichtmaschine (Watt)	150	150	120	120	120
Kraftübertragung					
Anz. Gänge	5	5	5	5	5
Kupplung	Mehrscheiben im Ölbad	Mehrscheiben im Ölbad	Mehrscheiben im Ölbad	Mehrscheiben im Ölbad	Mehrscheiben im Ölbad
Hinterradantrieb	Kette	Kette	Kette	Kette	Kette
Starter	Kick	Kick / Elektro	Kick / Elektro	Elektro	Elektro
Fahrwerk					
Rahmen	Doppelrohr, unten offren	Doppelrohr, unten offren	Doppelrohr, unten offren	Doppelrohr, unten offren	Doppelrohr, unten offren
Vorderradfederung	hydr. ged. Telegabel	hydr. ged. Telegabel	hydr. ged. Telegabel	hydr. ged. Telegabel	hydr. ged. Telegabel
Hinterradfederung	Schwinge mit hydr. ged. Federbeinen	Schwinge mit hydr. ged. Federbeinen	Schwinge mit hydr. ged. Federbeinen	Schwinge mit hydr. ged. Federbeinen	Schwinge mit hydr. ged. Federbeinen
Federweg vorne (mm)	120	120	120	120	120
Federweg hinten (mm)	65	65	65	65	65
Vorderradbremse	Scheibe 280 mm	Scheibe 280 mm	Doppelscheibe 280 mm	Scheibe 280 mm	Scheibe 280 mm
Hinterradbremse	Trommel 200 mm	Trommel 200 mm	Scheibe 225 mm	Scheibe 200 mm	Scheibe 200 mm
Vorderradreifen	3.60-19	3.25-19	3.50-18	3.50-18	3.50-18
Hinterradreifen	4.10-18	3.50-18	4.00-18	4.70-18	4.70-18
Allgemeine Daten					
Leergewicht (kg)	185	183	203	230	230
Tankinhalt (l)	17	18	20	18,5	18,5
Höchstgeschw. (km/h)	175	190	220	180	186
Stückzahl	5.760	2.880	1.020	k. A.	k. A.

Jahr	1978–1979	1975–1982	1977–1983	1979–1980
Modell	900 GTS	900 SS	900 SD Darmah	500 SL Pantah
Motor				
Hubraum (cm³)	864	864	864	499
Zylinder	2	2	2	2
Bohrung x Hub (mm)	86 x 74,4	86 x 74,4	86 x 74,4	74/58
Arbeitsweise	Viertakt	Viertakt	Viertakt	Viertakt
Steuerung	ohc	ohc Desmodromik	ohc Desmodromik	ohc Desmodromik
Gemischaufbereitung	2 x Amal Ø 32	2 x Dellorto Ø 32	2 x Dellorto Ø 32	2 x Dellorto Ø 32
Ventile/Zylinder	2	2	2	2
Verdichtung	9,5:1	9,5:1	9,3:1	9,5:1
Kühlung	Luft	Luft	Luft	Luft
Leistung (PS bei U/min)	65/7000	72/7200	68/7000	49/8500
Batterie (V/Ah)	12/ k. A.	12/ k. A.	12/ k. A.	12/ k. A.
Lichtmaschine (Watt)	120	200	200	150
Kraftübertragung				
Anz. Gänge	5	5	5	5

Weiter auf nächster Seite >

Kupplung	Mehrscheiben im Ölbad	Mehrscheiben im Ölbad	Mehrscheiben im Ölbad	Mehrscheiben im Ölbad
Hinterradantrieb	Kette	Kette	Kette	Kette
Starter	Elektro	Kick / Elektro	Elektro	Elektro
Fahrwerk				
Rahmen	Doppelrohr, unten offren	Doppelrohr, unten offren	Doppelrohr, unten offren	Gitterrohr
Vorderradfederung	hydr. ged. Telegabel	hydr. ged. Telegabel	hydr. ged. Telegabel	hydr. ged. Telegabel
Hinterradfederung	Schwinge mit hydr. ged. Federbeinen	Schwinge mit hydr. ged. Federbeinen	Schwinge mit hydr. ged. Federbeinen	Schwinge mit hydr. ged. Federbeinen
Federweg vorne (mm)	120	120	120	120
Federweg hinten (mm)	65	65	65	70
Vorderradbremse	Scheibe 280 mm	Doppelscheibe 280 mm	Doppelscheibe 280 mm	Doppelscheibe 260 mm
Hinterradbremse	Scheibe 200 mm	Scheibe 280 mm	Scheibe 280 mm	Scheibe 260 mm
Vorderradreifen	3.50-18	3.50 V 18	3.50 H 18	3.25-18
Hinterradreifen	4.70-18	120/90 V 18	4.25/80 V 18	3.50-18
Allgemeine Daten				
Leergewicht (kg)	230	210	230	170
Tankinhalt (l)	18,5	18	16	16
Höchstgeschw. (km/h)	186	210	195	185
Stückzahl	k. A.	6.103	k. A.	k. A.

Jahr	1975–1979	1975–1979	1977–1980	1977–1980	1978–1980	1978–1980
Modell	350 GTL	500 GTL	350 SD	500 SD	350 GTV	500 GTV
Motor						
Hubraum (cm³)	350	496	350	496	350	496
Zylinder	2	2	2	2	2	2
Bohrung x Hub (mm)	71,8 x 43,2	78 x 52	71,8 x 43,2	78 x 52	71,8 x 43,2	78 x 52
Arbeitsweise	Viertakt	Viertakt	Viertakt	Viertakt	Viertakt	Viertakt
Steuerung	ohc	ohc	ohc Desmodromik	ohc Desmodromik	ohc	ohc
Gemischaufbereitung	2 x Dellorto Ø 26	2 x Dellorto Ø 30	2 x Dellorto Ø 26	2 x Dellorto Ø 30	2 x Dellorto Ø 26	2 x Dellorto Ø 30
Ventile/Zylinder	2	2	2	2	2	2
Verdichtung	9,6:1	9,6:1	9,6:1	9,6:1	9,6:1	9,6:1
Kühlung	Luft	Luft	Luft	Luft	Luft	Luft
Leistung (PS bei U/min)	27/6800	40/7300	26/8000	43/8000	24/8000	39/7500
Batterie (V/Ah)	12/ k. A.	12/ k. A.	12/ k. A.	12/ k. A.	12/ k. A.	12/ k. A.
Lichtmaschine (Watt)	150	150	150	150	150	150
Kraftübertragung						
Anz. Gänge	5	5	5	5	5	5
Kupplung	Mehrscheiben im Ölbad	Mehrscheiben im Ölbad	Mehrscheiben im Ölbad	Mehrscheiben im Ölbad	Mehrscheiben im Ölbad	Mehrscheiben im Ölbad
Hinterradantrieb	Kette	Kette	Kette	Kette	Kette	Kette
Starter	Elektro	Elektro	Elektro	Elektro	Elektro	Elektro
Fahrwerk						
Rahmen	Doppelrohr, unten offren	Doppelrohr, unten offren	Doppelrohr, unten offren	Doppelrohr, unten offren	Doppelrohr, unten offren	Doppelrohr, unten offren
Vorderradfederung	hydr. ged. Telegabel	hydr. ged. Telegabel	hydr. ged. Telegabel	hydr. ged. Telegabel	hydr. ged. Telegabel	hydr. ged. Telegabel
Hinterradfederung	Schwinge mit hydr. ged. Federbeinen	Schwinge mit hydr. ged. Federbeinen	Schwinge mit hydr. ged. Federbeinen	Schwinge mit hydr. ged. Federbeinen	Schwinge mit hydr. ged. Federbeinen	Schwinge mit hydr. ged. Federbeinen
Federweg vorne (mm)	120	120	120	120	120	120
Federweg hinten (mm)	75	75	75	75	75	75
Vorderradbremse	Scheibe 260 mm	Doppelscheibe 260 mm	Doppelscheibe 260 mm	Doppelscheibe 260 mm	Doppelscheibe 260 mm	Doppelscheibe 260 mm
Hinterradbremse	Trommel 160 mm	Trommel 160 mm	Trommel 160 mm	Trommel 160 mm	Scheibe 260 mm	Trommel 160 mm
Vorderradreifen	3.00-19	3.25-18	3.25 H 18	3.25 H 18	3.25 H 18	3.25 H 18
Hinterradreifen	3.50-18	3.50-18	3.50 H 18	3.50 H 18	3.50 H 18	3.50 H 18
Allgemeine Daten						
Leergewicht (kg)	188	192	180	186	181	189
Tankinhalt (l)	19	19	14	14	14	14
Höchstgeschw. (km/h)	145	170	150	180	150	170

Kapitel 11
Fantic

1968 wurde Fantic Motor von Mario Agrati und Henry Keppel-Hesselink an der Via Parini im italienischen Barzago gegründet. Das Unternehmen kam erst spät auf den Mopedmarkt, gehörte aber dank seiner Kreativität bald zu den ersten Adressen. Die originell gestalteten Maschinen verkauften sich sogar in den USA, wo pro Jahr bis zu 20.000 Fahrzeuge abgesetzt werden konnten. In Europa waren die Maschinen zwar stets präsent, blieben aber trotzdem nur eine Randnotiz. 1972 kam die Chopper als Kleinkraftrad und 125er auf den Markt, die auf Anhieb erfolgreich waren, was nicht zuletzt an dem Minarelli-Motor mit vier oder sechs Gängen lag. Fantic fuhr in den kleinen Klassen bis 100 cm³ sehr erfolgreich bei internationalen Enduro-Wettbewerben wie den Six-Days mit. Ab 1974 war die Firma mit der Caballero 125 mit fünffach einstellbarer Hinterradfederung auch in dieser Hubraumklasse bei Geländesport- und Motocross-Freunden beliebt. Ab der zweiten Hälfte des Jahrzehnts baute Fantic auch international wettbewerbsfähige Trial-Motorräder.

Die Fantic-Modelle im Überblick

TX 131 Chopper 125	1973–1977	
1-Zyl.-2-Takt	124 cm³	15 PS / 7500 U/min
TX 155 Caballero 125 Regolarità	**1974–1976**	
1-Zyl.-2-Takt	123 cm³	18 PS / 8000 U/min
TX 158 Caballero 125 Cross	**1975–1976**	
1-Zyl.-2-Takt	123 cm³	22 PS / 10500 U/min
TX 155 Caballero 125 Regolarità	**1976–1978**	
1-Zyl.-2-Takt	123 cm³	21,5 PS / 9500 U/min
TX 158 Caballero 125 Cross	**1976–1978**	
1-Zyl.-2-Takt	123 cm³	26 PS / 10000 U/min
Caballero 125 Trial	**1977–1980**	
1-Zyl.-2-Takt	124 cm³	12 PS / 5500 U/min
TX 150 Caballero	**1979–1980**	
1-Zyl.-2-Takt	124 cm³	17 PS / 9700 U/min

> Es waren die außergewöhnlichen Chopper mit 50 und 125 cm³ (interne Bezeichnung TX 131), die die italienische Marke Fantic über die Grenzen des Landes hinaus erst richtig bekannt machte. Captain America lässt grüßen – schöner konnten es auch die Amerikaner nicht.

> Fantic fuhr bis Mitte der 70er Jahre in den kleinen Klassen bis 100 cm³ erfolgreich bei internationalen Geländewettbewerben mit. 1974 brachte man mit der Caballero 125 eine wettbewerbstaugliche Geländesportmaschine der Achtelliterklasse für den Weltmarkt heraus.

> Mit der internen Bezeichnung TX 158 ließ Fantic nach der Geländesportmaschine das Moto-Cross-Modell Caballero 125 Cross folgen. Der Motor brachte mehr Leistung mit und die Federn vorn und hinten legten längere Wege zurück.

> Ab 1976 wiesen die beiden Fantic Caballero-Modelle für Enduro und Moto Cross neben einer höheren Motorleistung und weiter verbesserten Fahrwerken auch ein Sechsganggetriebe auf.

> Ende der 70er Jahre war der Trial-Sport wieder im Kommen und Fantic entdeckte hier eine Marktlücke, die mit dem Modell Caballero 125 Trial mit neu entwickeltem Zweitaktmotor erfolgreich besetzt wurde.

> Die letzte 70er Jahre Ausführung der Fantic Caballero 125 von 1979 als Enduro für die Straße, aber auch für Sporteinsätze im Nachwuchsbereich einsetzbar.

Jahr	1973–1977	1974–1976	1975–1976	1976–1978
Modell	TX 131 Chopper	TX 155 Caballero 125 Regolaritá	TX 158 Caballero 125 Cross	TX 155 Caballero 125 Regolaritá
Motor				
Hubraum (cm³)	124	124	124	124
Zylinder	1	1	1	1
Bohrung x Hub (mm)	55 x 52	55 x 52	55 x 52	55 x 52
Arbeitsweise	Zweitakt	Zweitakt	Zweitakt	Zweitakt
Steuerung	Schlitz	Schlitz	Schlitz	Schlitz
Gemischaufbereitung	Dellorto Ø 25	Dellorto Ø 27	Dellorto Ø 32	Dellorto Ø 30
Ventile/Zylinder	0	0	0	0
Verdichtung	9,3:1	12:1	13,3:1	12,4:1
Kühlung	Luft	Luft	Luft	Luft
Zündung	Schwunglicht-Magnetzündung 6 V / 33 W	Schwunglicht-Magnetzündung 6 V / 33 W	kontaktlos, Thyristor	kontaktlos, Thyristor
Leistung (PS bei U/min)	15/7500	18/8000	22/10500	21,5/9500
Kraftübertragung				
Anz. Gänge	5	5	5	6

Kupplung	Mehrscheiben im Ölbad	Mehrscheiben im Ölbad	Mehrscheiben im Ölbad	Mehrscheiben im Ölbad
Hinterradantrieb	Kette	Kette	Kette	Kette
Starter	Kick	Kick	Kick	Kick
Fahrwerk				
Rahmen	Doppelschleifen-Rohrrahmen	Doppelschleifen-Rohrrahmen	Doppelschleifen-Rohrrahmen	Doppelschleifen-Rohrrahmen
Vorderradfederung	hydr. ged. Telegabel	hydr. ged. Telegabel	hydr. ged. Telegabel	hydr. ged. Telegabel
Hinterradfederung	Schwinge mit hydr. ged. Federbeinen	Schwinge mit hydr. ged. Federbeinen	Schwinge mit hydr. ged. Federbeinen	Schwinge mit hydr. ged. Federbeinen
Vorderradbremse	Trommel 123 mm	Trommel 124 mm	Trommel 124 mm	Trommel 125 mm
Hinterradbremse	Trommel 140 mm	Trommel 140 mm	Trommel 140 mm	Trommel 140 mm
Vorderradreifen	2.75-16	3.00-21	3.00-21	3.00-21
Hinterradreifen	5.00-16	4.00-18	4.00-18	4.00-18
Allgemeine Daten				
Leergewicht (kg)	95	103	80	98
Tankinhalt (l)	6	9,5	6	8
Höchstgeschw. (km/h)	115	110	110	115

Jahr	1976–1978	1977–1980	1979–1980
Modell	TX 158 Caballero 125 Cross	Caballero 125 Trial	TX 150 Caballero
Motor			
Hubraum (cm³)	124	124,4	124
Zylinder	1	1	1
Bohrung x Hub (mm)	55 x 52	55,2 x 52	55 x 52
Arbeitsweise	Zweitakt	Zweitakt	Zweitakt
Steuerung	Schlitz	Schlitz	Schlitz
Gemischaufbereitung	Dellorto Ø 32	Dellorto Ø 24	Dellorto Ø 30
Ventile/Zylinder	0	0	0
Verdichtung	13:1	12:1	12,4:1
Kühlung	Luft	Luft	Luft
Zündung	kontaktlos, Thyristor, 6 V/30 W	kontaktlos, Thyristor, 6 V/30 W	kontaktlos, Thyristor, 6 V/30 W
Leistung (PS bei U/min)	26/10000	10/5500	17/9700
Kraftübertragung			
Anz. Gänge	5	6	6
Kupplung	Mehrscheiben im Ölbad	Mehrscheiben im Ölbad	Mehrscheiben im Ölbad
Hinterradantrieb	Kette	Kette	Kette
Starter	Kick	Kick	Kick
Fahrwerk			
Rahmen	Doppelschleifen-Rohrrahmen	Doppelschleifen-Rohrrahmen	Doppelschleifen-Rohrrahmen
Vorderradfederung	hydr. ged. Telegabel	hydr. ged. Telegabel	hydr. ged. Telegabel
Hinterradfederung	Schwinge mit hydr. ged. Federbeinen	Schwinge mit Gasdruck-Federbeinen	Schwinge mit Gasdruck-Federbeinen
Vorderradbremse	Trommel 125 mm	Trommel 118 mm	Trommel 125 mm
Hinterradbremse	Trommel 140 mm	Trommel 124 mm	Trommel 140 mm
Vorderradreifen	3.00-21	2.75-21	3.00-21
Hinterradreifen	3.75-18	4.00-18	4.00-18
Allgemeine Daten			
Leergewicht (kg)	89	84	98
Tankinhalt (l)	6	6,2	8
Höchstgeschw. (km/h)	einsatzabhängig	90	115

Kapitel 12
Gilera

1909 von Guiseppe Gilera in Arcore gegründet, ist die Marke einer der ältesten italienischen Motorradhersteller. Mit dem Gewinn von zehn Europa- bzw. Weltmeisterschaften im Straßenrennsport in den Jahren 1937 bis 1957 war Gilera einer der erfolgreichsten Hersteller in diesem Segment überhaupt. Daraus resultierend erlebte die Marke in den 1950er Jahren ihren Höhepunkt, als jährlich rund 45000 Motorräder das Werk verließen. Mit inbegriffen allerdings die Fertigung von 50-cm³-Maschinen, mit der man sich schon seit 1955 beschäftigt hatte. In den 1960er Jahren ging es mit der Traditionsmarke bergab und 1969 übernahm der Piaggio-Konzern die angeschlagene Firma. Dort fristete Gilera allerdings ein Mauerblümchendasein und schleppte sich mit wenig Innovation und Einzylinder-Stagnation durch die 1970er Jahre. Erst danach ging es wieder aufwärts.

> Die um 1970 herum vorgestellten kleinen Einzylinder-Viertaktmaschinen (im Bild die Gilera 124 4V mit Vierganggetriebe) von Gilera entsprachen vom Design her dem Zeitgeist der Endsechziger, sie galten als robust und zuverlässig.

> Ein wenig sportlicher in Design und Leistung ging es bei der 124 5V mit Fünfganggetriebe zu. Der fast 14 PS leistende Viertakter beschleunigte die 95 kg leichte Maschine bis auf 120 km/h. Die Maschine wurde mit Tacho und Drehzahlmesser ausgeliefert.

Die Gilera-Viertakt-Modelle im Überblick

124 4V	1969–1973	
1-Zyl.-4-Takt ohv	123 cm³	11 PS / 8000 U/min
124 5V	**1969–1973**	
1-Zyl.-4-Takt ohv	123 cm³	13,6 PS / 8500 U/min
124 5V Trial	**1969–1973**	
1-Zyl.-4-Takt ohv	123 cm³	13,6 PS / 8500 U/min
124 5V Motocross	**1969–1973**	
1-Zyl.-4-Takt ohv	123 cm³	15 PS / 9500 U/min
175 5V Motocross	**1969–1973**	
1-Zyl.-4-Takt ohv	172 cm³	17,5 PS / 8000 U/min
150 5V Autostrada	**1969–1972**	
1-Zyl.-4-Takt ohv	153 cm³	16,3 PS / 8250 U/min
125 Strada	**1972–1978**	
1-Zyl.-4-Takt ohv	125 cm³	12 PS / 8750 U/min
150 Strada	**1972–1978**	
1-Zyl.-4-Takt ohv	150 cm³	14 PS / 8750 U/min

Die Gilera-Zweitakt-Modelle im Überblick

125 Competizione	1974–1975	
1-Zyl.-2-Takt	124 cm³	21 PS / 9200 U/min
125 TG 1	**1977–1981**	
1-Zyl.-2-Takt	123 cm³	14 PS / 7200 U/min

> In einer schönen Farbkombination, verbunden mit Chrom und Edelstahl und einer Diebstahlsicherung, gab es die Gilera 124 5V auch als Luxusausführung mit unveränderten Leistungsdaten.

> Mit den Leistungsdaten der 125er Fünfgangmaschine brachte Gilera 1969 auf deren Basis auch ein Trial-Modell heraus. Die 124 5V Trial war eine Rarität auf dem europäischen Markt und wurde – zumindest in Italien – auch bei Wettbewerben eingesetzt.

> 124 5V Motocross und 175 5V Motocross nannte Gilera die beiden ab 1969 gefertigten Maschinen, die eigentlich Enduros waren, weshalb die Maschinen im eigenen Land auch unter der Bezeichnung Regolarità Competizione angeboten wurden.

> 150-cm³-Maschinen waren eher rar gestreut in der Motorradwelt (wenngleich die MZ ES 150 zu den meistgebauten Motorrädern Europas zählt), aber Gilera setzte schon in den 60er Jahren auf diese Hubraumklasse und zog sie – wie hier mit der 150 5V Autostrada – bis weit in die 70er Jahre hinein durch.

> 1972 erhielt die Straßenversion der kleinen Viertaktmaschine ein neues Design für Anbauteile, Trieb- und Fahrwerk. Als 125 Strada und 150 Strada war die neue Gilera bis 1978 in den beiden Hubraumklassen gebaut worden.

> Gilera war Mitte der 70er Jahre sehr erfolgreich im internationalen Geländesport unterwegs und lancierte 1974 eine käufliche 125er Wettbewerbsenduro mit leistungsstarkem Zweitaktmotor für den europäischen und amerikanischen Markt.

> 1977 kam mit der TG 1 eine völlig neue 125er Straßenmaschine ins Gilera-Programm, die die neue Ausrichtung der Marke im Piaggio-Konzern vorgab: Klare Linien, Zweitaktmotor und die Ausstattung auf dem Stand der Technik.

> Die Serienausführung der Gilera 125 TG 1 von 1978 mit neuem Dekor und Druckgussfelgen.

Jahr	1969–1973	1969–1973	1969–1973	1969–1973
Modell	124 4V	124 5V	124 5V Trial	124 5V Motocross
Motor				
Hubraum (cm³)	123	123	123	123
Zylinder	1	1	1	1
Bohrung x Hub (mm)	56 x 50	56 x 50	56 x 50	56 x 50
Arbeitsweise	Viertakt	Viertakt	Viertakt	Viertakt
Steuerung	ohv	ohv	ohv	ohv
Gemischaufbereitung	Dellorto Ø 20	Dellorto Ø 22	Dellorto Ø 22	Dellorto Ø 24
Ventile/Zylinder	2	2	2	2
Verdichtung	10:1	10:1	10:1	10:1
Kühlung	Luft	Luft	Luft	Luft
Leistung (PS bei U/min)	11/8000	11/8500	13,6/8500	15/9500
Zündung	Schwunglicht-Magnet 6 V / 13 W	Schwunglicht-Magnet 6 V / 13 W	Schwunglicht-Magnet 6 V / 13 W	Schwunglicht-Magnet 6 V / 13 W
Kraftübertragung				
Anz. Gänge	4	5	5	5
Kupplung	Mehrscheiben im Ölbad	Mehrscheiben im Ölbad	Mehrscheiben im Ölbad	Mehrscheiben im Ölbad
Hinterradantrieb	Kette	Kette	Kette	Kette
Starter	Kick	Kick	Kick	Kick
Fahrwerk				
Rahmen	Rohrrahmen, zweidimensional	Rohrrahmen, zweidimensional	Rohrrahmen, zweidimensional	Rohrrahmen, zweidimensional
Vorderradfederung	hydr. ged. Telegabel	hydr. ged. Telegabel	hydr. ged. Telegabel	hydr. ged. Telegabel
Hinterradfederung	Schwinge mit hydr. ged. Federbeinen	Schwinge mit hydr. ged. Federbeinen	Schwinge mit hydr. ged. Federbeinen	Schwinge mit hydr. ged. Federbeinen
Vorderradbremse	Trommel 136 mm	Trommel 140 mm	Trommel 140 mm	Trommel 140 mm
Hinterradbremse	Trommel 123 mm	Trommel 140 mm	Trommel 140 mm	Trommel 140 mm
Vorderradreifen	2.50-17	2.75-19	2.75-19	2.75-19
Hinterradreifen	2.75-17	3.50-18	3.50-18	3.50-18
Allgemeine Daten				
Radstand (mm)	1.250	1.250	1.250	1.250
Leergewicht (kg)	95	111	105	101
Tankinhalt (l)	13	10	10	10
Höchstgeschw. (km/h)	85	95	85	einsatzabhängig

Jahr	1969–1973	1969–1972	1972–1978	1972–1978
Modell	175 5V Motocross	150 5V Autostrada	125 Strada	150 Strada
Motor				
Hubraum (cm³)	172	153	124	150
Zylinder	1	1	1	1
Bohrung x Hub (mm)	60 x 61	60 x 54	59,9 x 44	59,9 x 54
Arbeitsweise	Viertakt	Viertakt	Viertakt	Viertakt
Steuerung	ohv	ohv	ohv	ohv
Gemischaufbereitung	Dellorto Ø 24	Dellorto Ø 24	Dellorto Ø 22	Dellorto Ø 22
Ventile/Zylinder	2	2	2	2
Verdichtung	10:1	10:1	10:1	10:1
Kühlung	Luft	Luft	Luft	Luft
Leistung (PS bei U/min)	17,5/8000	16,3/8500	12/8750	14/8250
Zündung	Schwunglicht-Magnet	Schwunglicht-Magnet 6 V	Schwunglicht-Magnet	Schwunglicht-Magnetzündung
Kraftübertragung				

Anz. Gänge	5	5	5	5
Kupplung	Mehrscheiben im Ölbad	Mehrscheiben im Ölbad	Mehrscheiben im Ölbad	Mehrscheiben im Ölbad
Hinterradantrieb	Kette	Kette	Kette	Kette
Starter	Kick	Kick	Kick	Kick
Fahrwerk				
Rahmen	Rohrrahmen, zweidimensional	Rohrrahmen, zweidimensional	Doppelschleifen-Rohrrahmen	Doppelschleifen-Rohrrahmen
Vorderradfederung	hydr. ged. Telegabel	hydr. ged. Telegabel	hydr. ged. Telegabel	hydr. ged. Telegabel
Hinterradfederung	Schwinge mit hydr. ged. Federbeinen	Schwinge mit hydr. ged. Federbeinen	Schwinge mit hydr. ged. Federbeinen	Schwinge mit hydr. ged. Federbeinen
Vorderradbremse	Trommel 140 mm	Trommel	Trommel 150 mm	Trommel 150 mm
Hinterradbremse	Trommel 140 mm	Trommel	Trommel 150 mm	Trommel 150 mm
Vorderradreifen	2.75-19	2.50-17	2.75-18	2.75-19
Hinterradreifen	3.50-18	2.75-17	3.00-18	3.50-18
Allgemeine Daten				
Radstand (mm)	1.250	1.250	k. A.	1.250
Leergewicht (kg)	103	100	115	101
Tankinhalt (l)	10	14	11	11
Höchstgeschw. (km/h)	105	100	105	115

Jahr	1974–1975	1977–1981
Modell	125 Competizione	125 TG 1
Motor		
Hubraum (cm³)	124	122,5
Zylinder	1	1
Bohrung x Hub (mm)	54 x 54	57 x 48
Arbeitsweise	Zweitakt	Zweitakt
Steuerung	Schlitz	Schlitz
Gemischaufbereitung	Dellorto Ø 30	Dellorto Ø 22
Ventile/Zylinder	0	0
Verdichtung	13,5:1	k. A.
Kühlung	Luft	Luft
Leistung (PS bei U/min)	20,8/9200	14/7200
Zündung	Schwunglicht-Magnet 6 V / 30 W	Schwunglicht-Magnet 6 V / 35 W
Kraftübertragung		
Anz. Gänge	5	5
Kupplung	Mehrscheiben im Ölbad	Mehrscheiben im Ölbad
Hinterradantrieb	Kette	Kette
Starter	Kick	Kick
Fahrwerk		
Rahmen	Doppelschleifen-Rohrrahmen	Doppelschleifen-Rohrrahmen
Vorderradfederung	hydr. ged. Telegabel	hydr. ged. Telegabel
Hinterradfederung	Schwinge mit hydr. ged. Federbeinen	Schwinge mit hydr. ged. Federbeinen
Vorderradbremse	Trommel 136 mm	Trommel
Hinterradbremse	Trommel 150 mm	Trommel
Vorderradreifen	3.00-21	2.75-18
Hinterradreifen	3.75-18	3.25-18
Allgemeine Daten		
Radstand (mm)	k. A.	k. A.
Leergewicht (kg)	96	109
Tankinhalt (l)	10	9
Höchstgeschw. (km/h)	115	100

Kapitel 13
Gori

Moto Gori wurde von Giancarlo Gori, der schon für seine Mitarbeit an den Entwicklungen von Lambretta und Vespa bekannt war, in Florenz gegründet.

Das erste Gori-Motorrad, die 50 Cross mit Minarelli-Motor, wurde 1968 vorgestellt und gleich sehr erfolgreich bei Wettbewerben eingesetzt. Durch einen Vertrag mit Fichtel & Sachs lieferte die Schweinfurter Firma ab 1970 die 50- und 125 cm³-Motoren nach Italien und löste die Minarelli-Triebwerke ab. Jetzt erweiterte Gori das Programm mit Wettbewerbsmaschinen für Moto Cross und Geländesport bis 125 cm³. In den Jahren 1973 und 1974 montierte Gori auch DKW-Motorräder der zum Sachs-Konzern gehörenden Zweirad-Union.

Mitte der 1970er Jahre bestand die Gori-Produktpalette aus echten Wettbewerbs- und Straßenmaschinen mit Hubräumen von 50 bis 175 cm³. Neben den Sachs-Motoren waren die Motorräder mit hochwertigen Komponenten von Marzocchi, Ceriani, Lafranconi, Giannelli oder Akront ausgestattet. Die sehr erfolgreichen Maschinen (unter anderem diverse Goldmedaillen bei der Internationalen Sechstagefahrt) wurden nach ganz Europa und sogar nach Australien exportiert. Im Jahr 1976 ging der Absatz, unter anderem wegen Problemen mit den neuen 7-Gang-Motoren von Sachs zurück. Ab 1980 setzte Gori dann SWM- oder Rotax-Motoren ein, konnte aber nicht mehr an die früheren Erfolge anknüpfen. Nach dem Verkauf der Lagerbestände stellte Gori 1983 die Produktion ein.

Die Gori-Modelle mit 125 cm³ im Überblick

Gori Bimm 125 Cross	1970–1972	
1-Zyl.-2-Takt	123 cm³	19,5 PS / 9400 U/min
Cross 125	**1972–1973**	
1-Zyl.-2-Takt	123 cm³	22 PS / 10500 U/min
Cross Competizione 125	**1974–1975**	
1-Zyl.-2-Takt	123 cm³	22 PS / 10500 U/min
Regolarità Competizione 125	**1974–1975**	
1-Zyl.-2-Takt	123 cm³	20 PS / 9400 U/min
Scrambler 5V 125	**1974–1975**	
1-Zyl.-2-Takt	124 cm³	16 PS / 8500 U/min
Scrambler 125-6v	**1976–1977**	
1-Zyl.-2-Takt	124 cm³	22 PS / 9400 U/min
Competizione 125-7v	**1976–1977**	
1-Zyl.-2-Takt	124 cm³	24 PS / 9800 U/min
125 /7 V	**1977–1978**	
1-Zyl.-2-Takt	124 cm³	25 PS / 9400 U/min
MC 125	**1978–1979**	
1-Zyl.-2-Takt	123 cm³	25 PS / 9400 U/min
125 GS	**1978–1979**	
1-Zyl.-2-Takt	123 cm³	25 PS / 9400 U/min

> Gori musste seine 125er Cross-Wettbewerbsmaschinen 1970/71 als Gori Bimm anbieten, da es Probleme mit der Homologation gegeben hatte. Bimm war ein Mopedbauer in der Toskana.

> 1972/73 kam die Gori Cross 125 jetzt ohne die Zusatzbezeichnung »Bimm« aus. Der Sachs-Motor leistete inzwischen 22 PS, gezündet wurde mit einer zu dieser Zeit hochmodernen kontaktlosen Motoplast-Thyristor-Zündanlage.

> Für 1974 erhielt die Gori Cross 125 mit dem Sachs-Motor ein Sechsganggetriebe. Das Fahrwerk mit Reifen, Bremsen und Federn war verstärkt worden, das Gewicht erhöhte sich von 82 auf 96 kg.

> 1974 bot Gori in Westeuropa offiziell eine Geländesportmaschine für Wettbewerbszwecke mit dem neuen Sachs-Sechsgangtriebwerk an. Die Regolarità Competizione 125 wog 92 kg und war 120 km/h schnell.

> Die Scrambler 5 V 125 war die billigere Version der oben genannten Wettbewerbsmaschine und eher für die Straße geeignet. Der Motor mit Fünfgangetriebe kam von Morini und auch sonst war bei den Zutaten kräftig gespart worden.

> 1976 bekam die Gori Scrambler 125 nun auch das Sachs-Triebwerk mit Sechsganggetriebe. Zumindest im Nachwuchsbereich war die Maschine mit ihren 22 PS durchaus wettbewerbstauglich.

> Die Profis waren mit der Gori Competizione 125-7v bestens für Wald und Heide gerüstet, sofern der neue, 24 PS starke Sachs-Motor mit Siebenganggetriebe durchhielt.

> Die Gori Enduro 125 /7 V des Jahres 1977. Der Kleinserien-Hersteller aus Florenz hatte seinen sportlichen Höhepunkt bereits überschritten, die Vielzahl an ähnlich guten Maschinen in und aus Italien war inzwischen kaum noch zu durchschauen.

> 1978 tauchte wieder eine neue Moto-Cross-Maschine von Gori, jetzt auch mit dem Siebengang-Triebwerk von Fichtel & Sachs auf. Die Maschine war durchaus immer noch international konkurrenzfähig.

> Letzte Ausführung der 125er Gori-Geländesportmaschine von 1978/79. Wie schon zu dieser Zeit längst üblich, wechselte jährlich das Design und stetige Weiterentwicklungen am Fahrwerk hielten die Maschinen auf dem aktuellen Stand.

> Wie andere Konfektionäre hatte auch die Firma Gori nach Erscheinen der neuen Siebengangmotoren-Reihe von Fichtel & Sachs ab 1976 ein 250er Geländesportmodell mit diesem deutschen Motor in ihr Programm aufgenommen. 33 PS leistete das Triebwerk in der Competizione 250-7v.

Die Gori-Modelle mit 250 cm³ im Überblick

Competizione 250-7v	1976–1977	
1-Zyl.-2-Takt	245 cm³	33 PS / 8000 U/min
250 Campagnola	**1978–1979**	
1-Zyl.-2-Takt	245 cm³	17 PS / 6800 U/min
MC 250	**1978–1979**	
1-Zyl.-2-Takt	245 cm³	32 PS / 8000 U/min
250 GS	**1978–1979**	
1-Zyl.-2-Takt	245 cm³	27 PS / 8000 U/min

> Die Bezeichnung der großen Gori-Enduro wechselte 1977 in 250 7/V, die technischen Daten blieben dabei im Wesentlichen unverändert.

> 1978 erschien die Gori 250 Campagnola mit dem großen Sachs-Zweitakter. Die geländegängige Maschine war für Polizei, Militär und sonstige Behörden gedacht, fand aber nur wenig Anklang.

> Die 250er Version der Moto-Cross-Maschine von Gori aus dem Jahre 1979, immer noch mit dem Sachs-Siebengang-Triebwerk. Im Jahr darauf bot Gori auch Maschinen mit Rotax-Motor an.

> Für mehr Zuverlässigkeit, einen besseren Drehmomentverlauf und die günstigere Steuereinstufung in Deutschland war die Leistung der Gori 250 GS für 1978/79 auf 27 PS gesenkt worden. Auf Wunsch konnte ein Fünfganggetriebe geliefert werden.

Jahr	1970–1972	1972–1973	1974–1975	1974–1975	1974–1975
Modell	Gori Bimm 125 Cross	Cross 125	Cross Competizione 125	Regolaritá Competizione 125	Scrambler 5V 125
Motor					
Hubraum (cm³)	124	124	124	124	124
Zylinder	1	1	1	1	1
Bohrung x Hub (mm)	54 x 54	54 x 54	54 x 54	54 x 54	54 x 54
Arbeitsweise	Zweitakt	Zweitakt	Zweitakt	Zweitakt	Zweitakt
Steuerung	Schlitz	Schlitz	Schlitz	Schlitz	Schlitz
Gemischaufbereitung	Dellorto Ø 27	Dellorto Ø 27	Dellorto Ø 27	Dellorto Ø 27	Dellorto Ø 26
Ventile/Zylinder	0	0	0	0	0
Verdichtung	10,5:1	11,5:1	10,5:1	10:1	10:1
Kühlung	Luft	Luft	Luft	Luft	Luft
Leistung (PS bei U/min)	19,5/9400	22/10500	22/10500	20/9400	16/8500
Zündung	Schwunglicht-Magnet	kontaktlos, Thyristor	kontaktlos, Thyristor	kontaktlos, Thyristor	kontaktlos, Thyristor
Kraftübertragung					
Anz. Gänge	5	5	5	5	5
Kupplung	Mehrscheiben im Ölbad	Mehrscheiben im Ölbad	Mehrscheiben im Ölbad	Mehrscheiben im Ölbad	Mehrscheiben im Ölbad
Hinterradantrieb	Kette	Kette	Kette	Kette	Kette
Starter	Kick	Kick	Kick	Kick	Kick
Fahrwerk					
Rahmen	Doppelschleifen-Rohrrahmen	Doppelschleifen-Rohrrahmen	Doppelschleifen-Rohrrahmen	Doppelschleifen-Rohrrahmen	Doppelschleifen-Rohrrahmen
Vorderradfederung	hydr. ged. Telegabel	hydr. ged. Telegabel	hydr. ged. Telegabel	hydr. ged. Telegabel	hydr. ged. Telegabel
Hinterradfederung	Schwinge mit Federbeinen	Schwinge mit hydr. ged. Federbeinen	Schwinge mit hydr. ged. Federbeinen	Schwinge mit hydr. ged. Federbeinen	Schwinge mit hydr. ged. Federbeinen
Vorderradbremse	Trommel 160 mm	Trommel 135 mm	Trommel 135 mm	Trommel 135 mm	Trommel 135 mm
Hinterradbremse	Trommel 135 mm	Trommel 160 mm	Trommel 150 mm	Trommel 150 mm	Trommel 150 mm
Vorderradreifen	2.50-21	2.85-21	2.50-21	2.50-21	2.50-21
Hinterradreifen	3.50-18	3.50-18	4.00-18	4.00-18	3.50-18
Allgemeine Daten					
Leergewicht (kg)	78	82	86	92	96
Tankinhalt (l)	7	5,5	k. A.	k. A.	8,5
Höchstgeschw. (km/h)	einsatzabhängig	105	einsatzabhängig	120	115

Jahr	1976–1977	1976–1977	1977–1978	1978–1979	1978–1979
Modell	Scrambler 125-6v	Competitzione 125-7v	125/7 V	MC 125	125 GS
Motor					
Hubraum (cm³)	124	124	124	124	124
Zylinder	1	1	1	1	1
Bohrung x Hub (mm)	54 x 54	54 x 54	54 x 54	54 x 54	54 x 54
Arbeitsweise	Zweitakt	Zweitakt	Zweitakt	Zweitakt	Zweitakt
Steuerung	Schlitz	Schlitz	Schlitz	Schlitz	Schlitz
Gemischaufbereitung	Dellorto Ø 28	Dellorto Ø 32	Bing Ø 32	Bing Ø 32	Bing Ø 32
Ventile/Zylinder	0	0	0	0	0
Verdichtung	11,5:1	13:1	11,5:1	11,5:1	11,5:1
Kühlung	Luft	Luft	Luft	Luft	Luft
Leistung (PS bei U/min)	22/9400	24/9800	25/9400	25/9400	25/9400
Zündung	kontaktlos, Thyristor, 6 V/35 W	kontaktlos, Thyristor, 6 V/35 W	kontaktlos, Thyristor, 6 V/35 W	kontaktlos, Thyristor	kontaktlos, Thyristor, 6 V/35 W
Kraftübertragung					

Weiter auf nächster Seite >

Anz. Gänge	6	7	7	7	7
Kupplung	Mehrscheiben im Ölbad	Mehrscheiben im Ölbad	Mehrscheiben im Ölbad	Mehrscheiben im Ölbad	Mehrscheiben im Ölbad
Hinterradantrieb	Kette	Kette	Kette	Kette	Kette
Starter	Kick	Kick	Kick	Kick	Kick
Fahrwerk					
Rahmen	Doppelschleifen-Rohrrahmen	Doppelschleifen-Rohrrahmen	Doppelschleifen-Rohrrahmen	Doppelschleifen-Rohrrahmen	Doppelschleifen-Rohrrahmen
Vorderradfederung	hydr. ged. Telegabel	hydr. ged. Telegabel	hydr. ged. Telegabel	hydr. ged. Telegabel	hydr. ged. Telegabel
Hinterradfederung	Schwinge mit Feder-beinen	Schwinge mit hydr. ged. Federbeinen	Schwinge mit hydr. ged. Federbeinen	Schwinge mit Gas-dfruck-Federbeinen	Schwinge mit Gas-dfruck-Federbeinen
Vorderradbremse	Trommel 135 mm	Trommel 140 mm	Trommel 135 mm	Trommel 135 mm	Trommel 135 mm
Hinterradbremse	Trommel 135 mm	Trommel 140 mm	Trommel 135 mm	Trommel 135 mm	Trommel 135 mm
Vorderradreifen	3.00-21	3.00-21	3.00-21	3.00-21	3.00-21
Hinterradreifen	3.75-18	4.00-18	4.00-18	4.00-18	4.00-18
Allgemeine Daten					
Leergewicht (kg)	84	88	84	84	84
Tankinhalt (l)	9,5	9,5	9,5	7	9,5
Höchstgeschw. (km/h)	115	120	115	einsatzabhängig	115

Jahr	1976–1977	1978–1979	1978–1979	1978–1979
Modell	Competizione 250-7v	250 Campagnola	MC 250	250 GS
Motor				
Hubraum (cm³)	245	245	245	245
Zylinder	1	1	1	1
Bohrung x Hub (mm)	71,5 x 61	71,5 x 61	71,5 x 61	71,5 x 61
Arbeitsweise	Zweitakt	Zweitakt	Zweitakt	Zweitakt
Steuerung	Schlitz	Schlitz	Schlitz	Schlitz
Gemischaufbereitung	Bing Ø 32	Bing Ø 32	Bing Ø 36	Bing Ø 36
Ventile/Zylinder	0	0	0	0
Verdichtung	11,5:1	10:1	11,5:1	11,5:1
Kühlung	Luft	Luft	Luft	Luft
Leistung (PS bei U/min)	33/8000	17/6800	32/8000	27 o. 32/8000
Zündung	kontaktlos, Thyristor, 6 V/35 W	kontaktlos, Thyristor, 6 V/35 W	kontaktlos, Thyristor	kontaktlos, Thyristor, 6 V/35 W
Kraftübertragung				
Anz. Gänge	7	7	7	7
Kupplung	Mehrscheiben im Ölbad	Mehrscheiben im Ölbad	Mehrscheiben im Ölbad	Mehrscheiben im Ölbad
Hinterradantrieb	Kette	Kette	Kette	Kette
Starter	Kick	Kick	Kick	Kick
Fahrwerk				
Rahmen	Doppelschleifen-Rohrrahmen	Doppelschleifen-Rohrrahmen	Doppelschleifen-Rohrrahmen	Doppelschleifen-Rohrrahmen
Vorderradfederung	hydr. ged. Telegabel	hydr. ged. Telegabel	hydr. ged. Telegabel	hydr. ged. Telegabel
Hinterradfederung	Schwinge mit hydr. ged. Federbeinen	Schwinge mit hydr. ged. Federbeinen	Schwinge mit Gasdfruck-Federbeinen	Schwinge mit Gasdfruck-Federbeinen
Vorderradbremse	Trommel 140 mm	Trommel 140 mm	Trommel 140 mm	Trommel 140 mm
Hinterradbremse	Trommel 160 mm	Trommel 160 mm	Trommel 160 mm	Trommel 160 mm
Vorderradreifen	3.00-21	3.00-21	3.00-21	3.00-21
Hinterradreifen	4.50-18	4.00-18	4.50-18	4.50-18
Allgemeine Daten				
Leergewicht (kg)	98	120	84	106
Tankinhalt (l)	9,5	9	8	9,5
Höchstgeschw. (km/h)	130	120	einsatzabhängig	125

Kapitel 14
Guazzoni

Guazzoni wurde 1935 von Aldo Guazzoni (1908–1978) in Mailand gegründet und begann noch im selben Jahr ein 500-cm³-Motorrad zu bauen, das jedoch nur wenig Erfolg hatte. Nach dem Krieg experimentierte man zunächst mit Morini-Motoren, ehe 1950 in Kooperation mit Minarelli in Bologna ein recht erfolgreiches 250-cm³-Einzylindermodell auf den Markt kam. Den Durchbruch schaffte Guazzoni dann in den darauffolgenden Jahren mit einem 150-cm³-Zweitakter, ebenfalls von Minarelli, der in den Versionen Touring, Sport und Premium Sport erhältlich war.

Ab 1955 war dann auch ein Viertaktmodell mit 200 cm³ im Programm, aber der Fokus lag bereits klar auf der Entwicklung kleiner 50-cm³-Maschinen mit Zweitaktmotor, mit denen 1955 und 1956 zahlreiche Weltrekorde in Monza eingefahren wurden.

Mit Außenbord- und Go-Kart-Motoren versuchte Guazzoni dann in der zweiten Hälfte der 50er Jahre durch die Motorradkrise zu kommen, ehe man in den 60er Jahren wieder mit schnellen 50-cm³-Maschinen durchstartete. Besonderes Engagement verwendete die kleine Mailänder Schmiede auf den Moto Cross- und Geländesportbereich, wo die Hubräume bis in die 70er Jahre hinein auf 100 und 125 cm³ ausgedehnt wurden. Aber auch Rennsportmaschinen in der kleinsten Hubraumklasse bot Guazzoni bis zum Schluss an, diese unter der Bezeichnung »Matta«.

Die Produktion endete 1976, zwei Jahr später starb Aldo Guazzoni nach einer schweren Krankheit.

Die Guazzoni-Modelle im Überblick

Modell		
Special-Casa 125	**1969–1972**	
1-Zyl.-2-Takt	123 cm³	14,5 PS / 7400 U/min
Regolarità-Casa 125	**1969–1972**	
1-Zyl.-2-Takt	123 cm³	14,5 PS / 7400 U/min
Modernly 125	**1969–1972**	
1-Zyl.-2-Takt	123 cm³	12 PS / 7200 U/min
Modernly 150	**1969–1972**	
1-Zyl.-2-Takt	150 cm³	14 PS / 7200 U/min
Special Cross 125	**1972–1973**	
1-Zyl.-2-Takt	123 cm³	14,5 PS / 7400 U/min
Guazzoni 125 (RM 72)	**1973–1976**	
1-Zyl.-2-Takt	123 cm³	19 PS / 8500 U/min

> **Die 150-cm³-Maschinen mit dem markanten, liegenden Zweitaktmotor von Minarelli machten die Marke Guazzoni in den 1950er Jahren über die Grenzen Italiens hinaus bekannt.**

> Bei der Special-Casa 125 von Guazzoni handelte es sich um ein preiswertes Einstiegsmodell für den Endurosport. Der aus der ehemaligen Go-Kart-Entwicklung stammende Zweitaktmotor besaß einen Plattendrehschieber für den Einlass, vier Getriebegänge mussten für die Fahrt um das Eiscafé reichen.

> Schon äußerlich unterschied sich die Regolarità-Casa 125 unter anderem durch die kleine Lampe und das 21er Vorderrad als echte Wettbewerbsenduro von der Special-Casa. Längere Federwege und ein Sechsganggetriebe waren weitere Attribute.

CATENE REGINA
usare
LO

> »Modernly« taufte Guazzoni zwei Ende der 60er Jahre erscheinende Maschinen mit klassischem, schlitzgesteuerten Zweitaktmotor mit 125 und 150 cm³. So wie die Special-Casa sahen diese Motorräder zwar wie Enduros aus, waren aber am Ende doch nur für den Weg zur Arbeit oder dem Jugendtreffpunkt gedacht.

> In der Weiterentwicklung der »Modernly« brachte Guazzoni 1972 mit einem halben PS mehr und ein wenig Kosmetik an Design und Fahrwerk das preiswerte Alltagsmotorrad Special Cross 125 heraus.

> Bei der letzten 125er Enduro-Entwicklung von Guazzoni, auch als RM 72 bekannt, leistete der Zweitaktmotor mit Drehschiebereinlass 19 PS. Zusammen mit dem durchaus guten Fahrwerk reichte das, um im Nachwuchsbereich mitzumischen, die Profis brauchten anderes Material.

Jahr	1969–1972	1969–1972	1969–1972	1969–1972	1972–1973	1973–1976
Modell	Special-Casa 125	Regolaritá-Casa 125	Moderrnly 125	Moderrnly 150	Special Cross 125	Guazzoni 125 (RM 72)
Motor						
Hubraum (cm³)	124	124	124	150	124	124
Zylinder	1	1	1	1	1	1
Bohrung x Hub (mm)	54 x 54	54 x 54	54 x 54	54 x 60	54 x 54	54 x 54
Arbeitsweise	Zweitakt	Zweitakt	Zweitakt	Zweitakt	Zweitakt	Zweitakt
Steuerung	Einlassdrehschieber	Einlassdrehschieber	Einlassdrehschieber	Einlassdrehschieber	Einlassdrehschieber	Einlassdrehschieber
Gemischaufbereitung	Dellorto Ø 22	Dellorto Ø 24	Dellorto Ø 24	Dellorto Ø 24	Dellorto Ø 22	Dellorto Ø 25
Ventile/Zylinder	0	0	0	0	0	0
Verdichtung	10:1	10:1	9,5:1	9,5:1	14,5:1	11:1
Kühlung	Luft	Luft	Luft	Luft	Luft	Luft
Leistung (PS bei U/min)	14,5/7500	14,5/7500	12/7200	14/7200	14,5/7400	19/8500
Zündung	Schwunglicht-Magnet 6 V	Schwunglicht-Magnet 6 V	Schwunglicht-Magnet 6 V	Schwunglicht-Magnet 6 V	Schwunglicht-Magnet 6 V	Schwunglicht-Magnet 6 V
Kraftübertragung						
Anz. Gänge	4	6	4	4	4	6
Kupplung	Mehrscheiben im Ölbad	Mehrscheiben im Ölbad	Mehrscheiben im Ölbad	Mehrscheiben im Ölbad	Mehrscheiben im Ölbad	Mehrscheiben im Ölbad
Hinterradantrieb	Kette	Kette	Kette	Kette	Kette	Kette
Starter	Kick	Kick	Kick	Kick	Kick	Kick
Fahrwerk						
Rahmen	Doppelschleifen-Rohrrahmen	Doppelschleifen-Rohrrahmen	Rückgrat-Rohrrahmen	Rückgrat-Rohrrahmen	Doppelschleifen-Rohrrahmen	Rückgrat-Rohrrahmen
Vorderradfederung	hydr. ged. Telegabel	hydr. ged. Telegabel	hydr. ged. Telegabel	hydr. ged. Telegabel	hydr. ged. Telegabel	hydr. ged. Telegabel
Hinterradfederung	Schwinge mit hydr. ged. Federbeinen	Schwinge mit hydr. ged. Federbeinen	Schwinge mit hydr. ged. Federbeinen	Schwinge mit hydr. ged. Federbeinen	Schwinge mit hydr. ged. Federbeinen	Schwinge mit hydr. ged. Federbeinen
Vorderradbremse	Trommel 125 mm	Trommel 125 mm	Trommel 125 mm	Trommel 125 mm	Trommel 125 mm	Trommel 135 mm
Hinterradbremse	Trommel 125 mm	Trommel 125 mm	Trommel 125 mm	Trommel 125 mm	Trommel 125 mm	Trommel 135 mm
Vorderradreifen	2.50-19	2.50-21	2.50-19	2.50-19	2.50-19	2.50-21
Hinterradreifen	3.00-18	3.50-18	3.00-17	3.00-17	3.00-18	3.50-18
Allgemeine Daten						
Leergewicht (kg)	85	85	70	70	86	93
Tankinhalt (l)	10	10	10	10	10	6,5
Höchstgeschw. (km/h)	einsatzabhängig	einsatzabhängig	100	105	einsatzabhängig	einsatzabhängig

Kapitel 15
Italjet

Vor der Entstehung von Italjet hatte sich dessen Gründer Leopoldo Tartarini bereits einen Namen als Motorradrennfahrer gemacht. Außerdem war er ein gefragter Tuner von Wettbewerbsmaschinen und begann, darauf aufbauend, mit der Serienfertigung von Motorradrahmen. 1957 gründete Tartarini die Firma Italemmezeta, in welcher MZ-Motoren in die von ihm entwickelten Rahmen eingebaut wurden. 1959 begann die Produktion kompletter Motorräder. Schließlich entstand 1961 die Firma Italjet mit Sitz in San Lassaro di Saveno bei Bologna. In die hier neu entstandenen Motorräder wurden Motoren von Minarelli und Sachs, also kleine Zweitakter, eingesetzt.

Ab 1968 entwickelte Italjet viele neue Fahrzeugtypen. So war der Mini-Bambino das erste Minibike für Kinder. Speziell für junge Moto-Cross-Piloten baute Italjet Maschinen mit 50 und 100 cm³, bestückt mit Minarelli-Motoren. Als echte Wettbewerbsmaschinen galten die Coyote 125 sowie die Buccaneer mit einem 125 cm³-Zweizylindermotor von Yamaha. Es folgten weitere Modelle mit größeren Hubräumen und Motoren von Triumph und Ducati. Erst in den 80er Jahren begann Italjet auch eigene Viertaktmotoren zu entwickeln.

Auf Grund von zum Teil sehr kleinen Bauserien und der Verwendung verschiedenster Motoren, ist eine Modellübersicht der in den 70er Jahren gebauten Maschinen nur unter Vorbehalt zusammenzustellen.

Die Italjet-Modelle im Überblick

Magusta 125 Cross	**1970–1972**	
1-Zyl.-2-Takt	124 cm³	12,5 PS / 8000 U/min
Zorro 175	**1970–1972**	
1-Zyl.-2-Takt	173 cm³	18 PS / 6500 U/min
Grifon 650	**1970–1972**	
2-Zyl.-4-Takt ohv	649 cm³	54 PS / 7300 U/min
Kangaroo 125 Cross	**1972–1974**	
1-Zyl.-2-Takt	124 cm³	18 PS / 7500 U/min
Buccaneer 125	**1973–1977**	
2-Zyl.-2-Takt	124 cm³	18 PS / 8500 U/min
Kangaroo 125	**1974–1977**	
1-Zyl.-2-Takt	124 cm³	15 PS / 6800 U/min
Coyote 125	**1974–1977**	
1-Zyl.-2-Takt	123 cm³	17 PS / 7000 U/min
MAD 125	**1978–1979**	
1-Zyl.-2-Takt	123 cm³	10 PS / 7000 U/min

> **Mit eigenem Rahmen, diversen italienischen Fahrwerksteilen und einem Minarelli-Zweitaktmotor mit Vierganggetriebe: Die Italjet Magusta 125 als Einstiegsmodell für das nationale Moto-Cross-Geschehen oder den Export in die USA.**

> Ebenfalls mit Minarelli-Zweitaktmotor und vordergründig für den US-Export brachte Italjet um 1971 herum das Modell Zorro mit 175 cm³ heraus. Der zweidimensionale Rohrrahmen war typisch für die Crossmaschinen der »größeren« Hubräume.

> Mit dem Zweizylinder-Motor der englischen Triumph Bonneville versuchte Italjet zu Beginn der 70er Jahre auch im Segment der großen Viertakt-Maschinen mitzumischen. Und obwohl das italienische Design als schöner empfunden wurde als beim britischen Original, fanden sich nur wenige Käufer.

> Italjet Kangaroo 125 Cross – was für ein Name für ein Modell, das nicht wirklich Enduro oder Scrambler war, aber gut auf US-amerikanische Straßen passen sollte. Für ordentlichen Vortrieb sorgte ein schlitzgesteuerter Zweitakter von Yamaha mit Hartchrom-Laufbahn.

> Noch ein Yamaha-Zweitakter, diesmal mit zwei Zylindern, trieb die Italjet Buccaneer 125 an. Der ansonsten in der RD 125 Dienst tuende Motor mit Fünfganggetriebe war eine Ausnahmeerscheinung in der Masse italienischer 125er.

> 1974 erschien die 125er Kangaroo optisch überarbeitet und mit neuem, in seiner Leistung etwas reduzierten Motor. Die damit erreichten niedrigeren Drehzahlen machten das Cruisen auf italienischen oder amerikanischen Straßen angenehmer.

> Ebenfalls im Jahr 1974 erschien ein neues 125er Zweitaktmodell von Italjet. Da Italjet in diesen Jahren in Italien als Yamaha-Händler agierte, konnte diese Maschine von einem modernen, japanischen Zweitakter mit Frischöldosierung angetrieben werden.

> In der nur schwer zu katalogisierenden Modellpalette von Italjet stach 1978 noch der Typ MAD 125 heraus. Eine preiswerte Zweitakt-Enduro (Mischölschmierung), die mit gerade mal 10 PS ganz klar auf den sportlichen Nachwuchs abzielte.

Jahr	1970–1972	1970–1972	1970–1972	1972–1974
Modell	Magusta 125 Cross	Zorro 175 Cross	Grifan 650	Kangaroo 125 Cross
Motor				
Hubraum (cm³)	124	173	649	125
Zylinder	1	1	2	1
Bohrung x Hub (mm)	54,5 x 55	60,8 x 60	71 x 82	55 x 52
Arbeitsweise	Zweitakt	Zweitakt	Viertakt	Zweitakt
Steuerung	Schlitz	Schlitz	ohv	Schlitz
Gemischaufbereitung	Dellorto Ø 22	Dellorto Ø 27	2 x Amal Ø 30	Dellorto Ø 25
Ventile/Zylinder	0	0	2	0
Verdichtung	9,8:1	11,5:1	9:1	9,75:1
Kühlung	Luft	Luft	Luft	Luft
Leistung (PS bei U/min)	12,5/8000	18/6500	54/7300	18/7500
Zündung	Schwunglicht-Magnet 6 V/18 W	Schwunglicht-Magnet 6 V/ 30 W	Batterie 12 V/110 W	Schwunglicht-Magnet 6 V/18 W
Kraftübertragung				
Anz. Gänge	4	4	4	5

Weiter auf nächster Seite >

Kupplung	Mehrscheiben im Ölbad	Mehrscheiben im Ölbad	Mehrscheiben im Ölbad	Mehrscheiben im Ölbad
Hinterradantrieb	Kette	Kette	Kette	Kette
Starter	Kick	Kick	Kick	Kick
Fahrwerk				
Rahmen	Doppelschleifen-Rohrrahmen	Rohrrahmen, zweidimensional	Doppelschleifen-Rohrrahmen	Doppelschleifen-Rohrrahmen
Vorderradfederung	hydr. ged. Telegabel	hydr. ged. Telegabel	hydr. ged. Telegabel	hydr. ged. Telegabel
Hinterradfederung	Schwinge mit hydr. ged. Federbeinen	Schwinge mit hydr. ged. Federbeinen	Schwinge mit hydr. ged. Federbeinen	Schwinge mit hydr. ged. Federbeinen
Vorderradbremse	Trommel 136 mm	Trommel 160 mm	Trommel	Trommel 136 mm
Hinterradbremse	Trommel 136 mm	Trommel 160 mm	Trommel	Trommel 136 mm
Vorderradreifen	2.50-19	3.00-21	3.25-18	3.00-21
Hinterradreifen	3.00-18	4.00-18	4.00-18	3.50-18
Allgemeine Daten				
Leergewicht (kg)	90	90	170	88
Tankinhalt (l)	7	7	13	7
Höchstgeschw. (km/h)	105	125	170	110

Jahr	**1973–1977**	**1974–1977**	**1974–1977**	**1978–1979**
Modell	Buccaneer 125	Kangaroo 125	Coyote 125	MAD 125
Motor				
Hubraum (cm³)	124	124	123	123
Zylinder	2	1	1	1
Bohrung x Hub (mm)	40 x 43	55 x 52	71 x 82	56 x 50
Arbeitsweise	Zweitakt	Zweitakt	Zweitakt	Zweitakt
Steuerung	Schlitz	Schlitz	Schlitz	Schlitz
Gemischaufbereitung	2 x Teikei Ø 18	Dellorto Ø 25	Dellorto Ø 25	Mikuni Ø 24
Ventile/Zylinder	0	0	0	0
Verdichtung	7:1	9,75:1	9:1	10,75
Kühlung	Luft	Luft	Luft	Luft
Leistung (PS bei U/min)	18/8500	15/6800	17/7000	10/7000
Zündung	Batterie 12 V	Schwunglicht-Magnet 6 V/ 18 W	Schwunglicht-Magnet 6 V/ 18 W	Schwunglicht-Magnet 6 V/35 W
Kraftübertragung				
Anz. Gänge	5	5	5	5
Kupplung	Mehrscheiben im Ölbad	Mehrscheiben im Ölbad	Mehrscheiben im Ölbad	Mehrscheiben im Ölbad
Hinterradantrieb	Kette	Kette	Kette	Kette
Starter	Kick	Kick	Kick	Kick
Fahrwerk				
Rahmen	Rohrrahmen, zweidimensional	Doppelschleifen-Rohrrahmen	Doppelschleifen-Rohrrahmen	Doppelschleifen-Rohrrahmen
Vorderradfederung	hydr. ged. Telegabel	hydr. ged. Telegabel	hydr. ged. Telegabel	hydr. ged. Telegabel
Hinterradfederung	Schwinge mit hydr. ged. Federbeinen	Schwinge mit hydr. ged. Federbeinen	Schwinge mit hydr. ged. Federbeinen	Schwinge mit Gasdruck-Federbeinen
Vorderradbremse	Scheibe	Trommel 136 mm	Trommel	Trommel 130 mm
Hinterradbremse	Trommel	Trommel 136 mm	Trommel	Trommel 130 mm
Vorderradreifen	2.50-18	3.00-21	3.00-21	3.00-21
Hinterradreifen	2.75-18	3.50-18	3.50-18	3.50-18
Allgemeine Daten				
Leergewicht (kg)	106	88	96	90
Tankinhalt (l)	11,5	7	7	8
Höchstgeschw. (km/h)	130	110	110	100

Kapitel 16
Laverda

Im oberitalienischen Breganze hatte Pietro Laverda 1873 eine Firma zur Herstellung von Landmaschinen und landtechnischen Geräten gegründet. Damit begann eine Jahrzehnte währende Erfolgsgeschichte, die Laverda zu einer in Italien führenden Marke auf diesem Gebiet werden ließ.

Nach dem Zweiten Weltkrieg begann Neffe Francesco neben den Landmaschinen mit dem Bau motorisierter Zweiräder. Ab 1949 kamen kleine, einfache Motorräder und Motorroller mit 75 und 98 cm³ aus dem Laverda-Werk, die sich ob ihrer Robustheit großer Beliebtheit erfreuten. Zu Beginn der 1960er Jahre wuchsen die Hubräume bis auf 200 cm³, bald kam auch die erste Halblitermaschine auf den Markt. So richtig groß raus kam Laverda als Motorradproduzent dann Ende der 60er, Anfang der 70er Jahre. Massimo Laverda, Francescos Sohn, hatte inzwischen die Fäden in der Hand und entwickelte aus großen 650er und 750er Maschinen eine Modellfamilie, die auf der ganzen Welt äußerst erfolgreich war. So erfolgreich, das Laverda 1972 in ein neues, größeres Werk umziehen musste. Dort entstanden im weiteren Verlauf parallel zu den Zweizylindermodellen auch Dreizylindermaschinen mit 1000 und 1200 cm³ Hubraum. Neben den großen Touren- und Sportmodellen hatte Laverda auch kleine Zweitakter, für Moto Cross- und Enduroeinsätze im Programm, wie sie für italienische Hersteller offenbar unabdinglich waren.

> Die Zweizylinder-Maschinen mit 650 und 750 cm³ Hubraum begründeten Ende der 1960er Jahre den Weltruhm der Marke Laverda. Im Bild die 750 GT der ersten Serie von 1968.

> War die 750 GT eigentlich schon recht sportlich, legte Laverda mit der 750 S noch einen drauf. Mit unverändertem Fahrwerk, aber tiefem Lenker, Rennsitzbank und mehr Motorleistung suggerierte die Maschine Sport pur, konnte hinsichtlich der Verkaufszahlen die Erwartungen aber nicht erfüllen.

Die Laverda-Modelle mit 750 cm³ im Überblick

750 GT	**1968–1973**	**5.143 Stück**
2-Zyl.-4-Takt ohc	744 cm³	52 PS / 6900 U/min
750 S	**1969–1970**	**600 Stück**
2-Zyl.-4-Takt ohc	744 cm³	60 PS / 6600 U/min
750 SF	**1970–1977**	**13.330 Stück**
2-Zyl.-4-Takt ohc	744 cm³	66 PS / 7200 U/min
750 SFC	**1971–1977**	**549 Stück**
2-Zyl.-4-Takt ohc	744 cm³	70 PS / 7300 U/min
750 GTL	**1974–1976**	**k. A.**
2-Zyl.-4-Takt ohc	744 cm³	52 PS / 6900 U/min

> Am hohen Lenker mit Querverstrebung und dem schlankeren Tank war die Laverda 750 GT der zweiten Bauserie (1969–1973) zu erkennen. Das schöne Design, verbunden mit dem modernen ohc-Motor (obenliegende, kettengetriebene Nockenwelle), dem Fünfganggetriebe und dem elektrischen Anlasser machte die Zweizylinder-Maschine zu einer echten Konkurrenz japanischer und englischer Modelle.

> Als echter Verkaufsschlager erwies sich die 1970 eingeführte Laverda 750 SF. Mit 66 PS, der noch mehr auf Sportlichkeit getrimmten Linie (niedrigerer Rahmen, längere Gabel) und dem großen 25-Liter-Tank wurden die Träume vieler Motorradfans wahr. In fünf Serien bis 1975 gebaut, erfuhr die SF zahlreiche Änderungen, wie etwa der vorderen Scheibenbremse ab 1973. (Foto: Beademung CC BY-SA 3.0 de)

> Die letzte Ausgabe der Laverda 750 SF von 1975 (in der Szene auch als SF 3 bekannt), jetzt mit drei Bremsscheiben und neuer Sitzbank-Rückleuchten-Kombination.

> Eine Rennmaschine mit Straßenzulassung nannte Laverda seine stets in Orange lackierte 750 SFC. Das »C« stand hier für Competizione und tatsächlich fuhr die Maschine in den Jahren 1971 und 1972 zahlreiche Siege ein. Auch die SFC erfuhr mehrere Bauserien mit stetigen Verbesserungen. Die ersten Maschinen waren noch mit Trommelbremsen ausgerüstet, die letzten hatten eine elektronische Zündanlage erhalten.

> Optisch neu in Szene gesetzt, technisch lediglich mit 230-mm-Super Freni-Trommelbremsen bestückt, folgte die Laverda 750 GTL dem Vorgänger GT ab 1974. Spulenzündung und Trommelbremsen mussten für den Einstieg in die Zweizylinder-Klasse von Laverda vorerst reichen.

> Großvolumigen Maschinen gehört die Zukunft! Das begriffen die Laverda-Leute schon in den 1960er Jahren und präsentierten noch 1969 eine 1000er mit drei Zylindern. 1972 ging die Maschine als 1000 3C in Serie; ein Superbike im besten Sinne, zu dem lediglich die Trommelbremsen nicht mehr passen wollten.

> Die Laverda 1000 3C der zweiten Bauserie ab 1974, immer noch mit Speichenfelgen, aber jetzt mit Scheibenbremsen, gehört heute zu den gefragtesten und teuersten italienischen Serienbikes überhaupt.

Die Laverda-Modelle mit 1000 und 1200 cm³ im Überblick

1000 3C	**1972–1977**	**4.200 Stück**
3 Zyl.-4-Takt dohc	981 cm³	80 PS / 7250 U/min
1000 3CL Jota	**1976–1983**	**2.275 Stück**
3-Zyl.-4-Takt dohc	981 cm³	78 PS / 7750 U/min
1200 T	**1978–1981**	**1.100 Stück**
3-Zyl.-4-Takt dohc	1115 cm³	86 PS / 7750 U/min
1200 TS	**1978–1982**	**829 Stück**
3-Zyl.-4-Takt dohc	1115 cm³	86 PS / 7750 U/min

> Gut abgehangen: Eine Laverda 1000 Jota von 1979. Zur Betonung der Sportlichkeit konnte optional eine Cockpitverkleidung geordert werden, lackiert wurde überwiegend in Orange.

> Ein wenig mehr auf Sportlichkeit getrimmt, ansonsten handelte es sich bei der ersten Serie der Laverda 1000 3 CL, die später die Bezeichnung »Jota« erhielt, um die letzte Serie des Modells 3C.

Die Laverda-Modelle mit 500 und 350 cm³ im Überblick

Laverda 500	1976–1982	ca. 5.000 Stück
2-Zyl.-4-Takt dohc4	497 cm³	46 PS / 6900 U/min
Laverda 350	**1977–1982**	**ca. 3.000 Stück**
2-Zyl.-4-Takt dohc4	345 cm³	30 PS / 6500 U/min
Formula 500	**1978–1981**	**100 Stück**
2-Zyl.-4-Takt dohc4	497 cm³	52 PS / 9500 U/min

> Die 1200 T entsprach optisch wieder der 3. Serie des Modells 1000 3C. Die Bohrung der Zylinder war von 75 auf 80 mm vergrößert wurden, die Leistung erhöhte sich damit auf 86 PS. Lackiert wurde in Rot oder Blau.

> Die Laverda 1200 TS entsprach dem T-Modell, hatte aber als echter Sporttourer eine Cockpit- und eine Motorverkleidung. 1979 gab es eine limitierte Serie mit Sonderlackierung und Vollverkleidung sowie das in England vom Importeur Slater initiierte Sondermodell »Mirage«.

> Es war ein wirklich schönes Mittelklasse-Motorrad, das Laverda mit dem Modell 500 ab 1976 anbot. Der Motor mit Vierventil-Technik, das Sechsganggetriebe, drei Scheibenbremsen, die Gussfelgen – das war moderner Motorradbau pur. Lediglich der Preis hielt die Verkaufszahlen in Grenzen. (Foto: Coco Bliss)

> Mit geringerer Bohrung schob Laverda ein Jahr später für den Inlandsmarkt (Steuervorteil) noch ein 350-cm³-Modell nach. Die beiden Zweizylinder-Maschinen erhielten gute Kritiken für Fahrleistungen und Straßenlage, Abzüge gab es lediglich für Motorvibrationen und die Preisgestaltung.

> Mit wenig Aufwand ließ sich aus dem modernen Zweizylinder-Motor der 500er mehr Leistung generieren (anfangs 52, später 60 PS) und mit ein paar Anbauteilen aus dem Motorrad eine Rennmaschine machen. »Formula Laverda« hieß die Rennserie, die mit diesen Maschinen ab 1978 in Italien ausgeschrieben war.

Die Laverda-Modelle mit 125 und 175 cm³ im Überblick

125 LH	**1976**	**ca. 2.000 Stück (alle LH)**
1-Zyl.-2-Takt	124 cm³	18 PS / 7400 U/min
125 LH 1	**1977–1978**	**ca. 2.000 Stück (alle LH)**
1-Zyl.-2-Takt	124 cm³	19 PS / 7600 U/min
125 LH 3	**1978–1979**	**ca. 2.000 Stück (alle LH)**
1-Zyl.-2-Takt	124 cm³	22 PS / 7400 U/min
125 LZ Custom	**1978–1984**	**ca. 20.000 Stück (alle LZ)**
1-Zyl.-2-Takt	124 cm³	17 PS / 7600 U/min
125 LZ Elegant	**1978–1982**	**ca. 20.000 Stück (alle LZ)**
1-Zyl.-2-Takt	124 cm³	17 PS / 7600 U/min
125 LZ Sport	**1978–1982**	**ca. 20.000 Stück (alle LZ)**
1-Zyl.-2-Takt	124 cm³	17 PS / 7600 U/min
125 LZ Strada	**1978–1982**	**ca. 20.000 Stück (alle LZ)**
1-Zyl.-2-Takt	124 cm³	17 PS / 7600 U/min
175 LZ Strada	**1977–1984**	**ca. 20.000 Stück (alle LZ)**
1-Zyl.-2-Takt	163 cm³	18 PS / 7400 U/min

> In der Typenbezeichnung der Laverda 125 LH steckte das L für Laverda und das H für Husqvarna. Denn der Motor kam aus Schweden – Laverda wollte bei den gerade schwer angesagten 125er Enduros mitmischen, aber keinen eigenen Motor dafür entwickeln. Das CR auf dem Getriebedeckel stand für Competizione Regolarità und wies auf die Wettbewerbsfähigkeit im Gelände hin.

> Drei Entwicklungsstufen gab es bis 1979 für die 125er Enduros mit dem Husqvarna-Triebwerk. Am Ende war die 125 LH 3 mit 22 PS unterwegs. Nur rund 2000 verkaufte LH-Modelle – inklusive der 250er – konnten nicht als großer Wurf verbucht werden.

> Für seine kleinen Straßenmodelle setzte Laverda ab 1977 den Zweitaktmotor von Zündapp mit 125 oder 175 cm³ ein. Wie hier im Modell 125 LZ Strada, das es auch in der 175er Version gab. Von Chrom und Schnörkel befreit gab es diese Maschine auch als »Custom« und in Schwarz mit goldener Linierung, goldenen Felgen und goldenen Schriftzügen auch als »Elegant«.

> In sportlichem Rot und mit einer Cockpitverkleidung – so präsentierte sich ab 1978 die Laverda 125 LZ Sport. Die italienischen Maschinen mit dem deutschen wassergekühlten Fünfgangtriebwerk waren durchaus ein Erfolg. Immerhin konnten insgesamt rund 20 000 Fahrzeuge abgesetzt werden.

Die Laverda-Modelle mit 250 cm³ im Überblick

250 Chott 2T	**1974–1975**	**ca. 5.000 Stück (alle 2 T)**
1-Zyl.-2-Takt	247 cm³	26 PS / 7600 U/min
250 2 TR	**1975**	**ca. 5.000 Stück (alle 2T)**
1-Zyl.-2-Takt	247 cm³	27 PS / 7600 U/min
250 2 TR 7	**1976**	**ca. 5.000 Stück (alle 2T)**
1-Zyl.-2-Takt	247 cm³	27 PS / 7600 U/min
250 LH 2	**1976–1977**	**ca. 2.000 Stück (alle LH)**
1-Zyl.-2-Takt	245 cm³	29 PS / 7600 U/min
250 LH 4	**1977–1979**	**ca. 2.000 Stück (alle LH)**
1-Zyl.-2-Takt	245 cm³	29 PS / 7600 U/min

> Mit der 250 2T (Zweitakt) kehrte Laverda 1974 nach langen Entwicklungsjahren in den Geländesport zurück. Besonderheiten waren damals die Doppelzündung, Bremsnaben aus Elektron, der Gehäusedeckel aus Magnesium und die 3-fache Lenkwinkelverstellung am leichten Chrom-Molybdän-Rahmen. Den Namen Chott erhielt die Maschine zusätzlich, da sie in der Wüste ausgiebig getestet worden war.

> Mit ihrem roten Rahmen wirkte die 2TR (Due Tempi Regolarita) wesentlich aggressiver als ihre Vorgängerin. Mit den hochgesetzten Kunststoffkotflügeln und den entfernten Instrumenten konnte das Gewicht weiter reduziert werden. Großen Erfolg hatten die Maschinen nicht, dafür waren sie schlicht zu teuer.

> Der geringe Erfolg der TR-Modellreihe veranlasste Laverda, von der damals noch schwedischen Firma Husqvarna Motoren einzukaufen und auch sonst ganz ähnliche Maschinen nach schwedischem Vorbild zu bauen. Die LH 2 (Foto) wurde in den Farben Rot und Grün angeboten. In der letzten Ausführung waren die Maschinen als LH 4 in Orange lackiert.

> Die Laverda 250 2 TR 7 wies gegenüber dem Vorgängermodell lediglich ein neues Dekor auf. Da neue Maschinen mit neuen Motoren in den Startlöchern standen, steckte man kein Geld mehr in die TR-Baureihe.

Jahr	1968–1973	1969–1970	1970–1977	1971–1977	1974–1976
Modell	750 GT	750 S	750 SF	750 SFC	750 GTL
Motor					
Hubraum (cm³)	744	744	744	744	744
Zylinder	2	2	2	2	2
Bohrung x Hub (mm)	80 x 74	80 x 74	80 x 74	80 x 74	80 x 74
Arbeitsweise	Viertakt	Viertakt	Viertakt	Viertakt	Viertakt
Steuerung	ohc	ohc	ohc	ohc	ohc
Gemischaufbereitung	2 x Dellorto Ø 30	2 x Dellorto Ø 30	2 x Dellorto Ø 36	2 x Dellorto Ø 36	2 x Dellorto Ø 30
Ventile/Zylinder	2	2	2	2	2
Verdichtung	8,9:1	9,6:1	8,9:1	9,75:1	8,9:1
Kühlung	Luft	Luft	Luft	Luft	Luft
Leistung (PS bei U/min)	52/6900	60/6600	66/7200	75/8000	52/6900
Batterie (V/Ah)	12 /24	12 /24	12 /24	12 /24	12 /24
Lichtmaschine (Watt)	150	150	150	150	150
Kraftübertragung					
Anz. Gänge	5	5	5	5	5
Kupplung	Mehrscheiben-Kupplung im Ölbad	Mehrscheiben-Kupplung im Ölbad	Mehrscheiben-Kupplung im Ölbad	Mehrscheiben-Kupplung im Ölbad	Mehrscheiben-Kupplung im Ölbad
Hinterradantrieb	Kette	Kette	Kette	Kette	Kette
Starter	Elektro	Elektro	Elektro	Elektro	Elektro
Fahrwerk					
Rahmen	Rückgrat-Rohrrahmen	Rückgrat-Rohrrahmen	Rückgrat-Rohrrahmen	Rückgrat-Rohrrahmen	Rückgrat-Rohrrahmen
Vorderradfederung	hydr. ged. Telegabel	hydr. ged. Telegabel	hydr. ged. Telegabel	hydr. ged. Telegabel	hydr. ged. Telegabel
Hinterradfederung	Schwinge mit hydr. ged. Federbeinen	Schwinge mit hydr. ged. Federbeinen	Schwinge mit hydr. ged. Federbeinen	Schwinge mit hydr. ged. Federbeinen	Schwinge mit hydr. ged. Federbeinen
Vorderradbremse	Trommel 230 mm	Trommel 230 mm	Trommel 230 mm	Trommel 230 mm	Trommel 230 mm
Hinterradbremse	Trommel 230 mm	Trommel 230 mm	Trommel 230 mm	Trommel 230 mm	Trommel 230 mm
Vorderradreifen	3.25-18	3.25-18	3.50-18	3.50-18	4.00-18
Hinterradreifen	4.00-18	4.00-18	4.00-18	4.00-18	4.00-18
Allgemeine Daten					
Leergewicht (kg)	218	218	218	190	240
Tankinhalt (l)	18,5	17,5	19	18	17
Höchstgeschw. (km/h)	185	192	194	205	180
Stückzahl	5.143	600	13.330	549	k. A.

Jahr	1972–1977	1976–1983	1978–1981	1978–1982
Modell	1000 3C	1000 3CL Jota	1200 T	1200 TS
Motor				
Hubraum (cm³)	981	981	1115	1115
Zylinder	3	3	3	3
Bohrung x Hub (mm)	75 x 74	75 x 74	80 x 74	80 x 74
Arbeitsweise	Viertakt	Viertakt	Viertakt	Viertakt
Steuerung	dohc	dohc	dohc	dohc
Gemischaufbereitung	3 x Dellorto Ø 32	3 x Dellorto Ø 32	3 x Dellorto Ø 32	3 x Dellorto Ø 32
Ventile/Zylinder	2	2	2	2
Verdichtung	9:1	9:1	8:1	8:1
Kühlung	Luft	Luft	Luft	Luft
Leistung (PS bei U/min)	80/7250	78/7750	86/7750	86/7350
Batterie (V/Ah)	12 /k. A.	12 /k. A.	12 /32	12 /32
Lichtmaschine (Watt)	140	140	140	140
Kraftübertragung				

Anz. Gänge	5	5	5	5
Kupplung	Mehrscheiben-Kupplung im Ölbad	Mehrscheiben-Kupplung im Ölbad	Mehrscheiben-Kupplung im Ölbad	Mehrscheiben-Kupplung im Ölbad
Hinterradantrieb	Kette	Kette	Kette	Kette
Starter	Elektro	Elektro	Elektro	Elektro
Fahrwerk				
Rahmen	Doppelschleifen-Rohrrahmen	Doppelschleifen-Rohrrahmen	Doppelschleifen-Rohrrahmen	Doppelschleifen-Rohrrahmen
Vorderradfederung	hydr. ged. Telegabel	hydr. ged. Telegabel	hydr. ged. Telegabel	hydr. ged. Telegabel
Hinterradfederung	Schwinge mit hydr. ged. Federbeinen	Schwinge mit hydr. ged. Federbeinen	Schwinge mit hydr. ged. Federbeinen	Schwinge mit hydr. ged. Federbeinen
Vorderradbremse	Doppelscheibe 280 mm	Doppelscheibe 280 mm	Doppelscheibe 280 mm	Doppelscheibe 280 mm
Hinterradbremse	Trommel 230 mm	Scheibe 280 mm	Scheibe 280 mm	Scheibe 280 mm
Vorderradreifen	4.10-18	4.10-18	4.10 H 18	4.10 H 18
Hinterradreifen	4.25-18	4.25-18	4.25 H 18	4.25 H 18
Allgemeine Daten				
Leergewicht (kg)	240	240	247	251
Tankinhalt (l)	20	20	18	20,5
Höchstgeschw. (km/h)	210	210	204	200
Stückzahl	4.200	2.275	1.100	829

Jahr	1976–1982	1977–1982	1978–1981
Modell	Laverda 500	Laverda 350	Formula 500
Motor			
Hubraum (cm³)	497	345	497
Zylinder	2	2	2
Bohrung x Hub (mm)	72 x 61	60 x 61	72 x 61
Arbeitsweise	Viertakt	Viertakt	Viertakt
Steuerung	dohc4	dohc4	dohc4
Gemischaufbereitung	2 x Dellorto Ø 24	2 x Dellorto Ø 24	2 x Dellorto Ø 32
Ventile/Zylinder	4	4	4
Verdichtung	9,2:1	9:1	9,2:1
Kühlung	Luft	Luft	Luft
Leistung (PS bei U/min)	46/6900	30/6500	52/9500
Batterie (V/Ah)	12 /k. A.	12 /k. A.	12 /15
Lichtmaschine (Watt)	150	150	150
Kraftübertragung			
Anz. Gänge	6	6	6
Kupplung	Mehrscheiben-Kupplung im Ölbad	Mehrscheiben-Kupplung im Ölbad	Mehrscheiben-Kupplung im Ölbad
Hinterradantrieb	Kette	Kette	Kette
Starter	Elektro	Elektro	Elektro
Fahrwerk			
Rahmen	Rohrrahmen, zweidimensional	Rohrrahmen, zweidimensional	Rohrrahmen, zweidimensional
Vorderradfederung	hydr. ged. Telegabel	hydr. ged. Telegabel	hydr. ged. Telegabel
Hinterradfederung	Schwinge mit hydr. ged. Federbeinen	Schwinge mit hydr. ged. Federbeinen	Schwinge mit hydr. ged. Federbeinen
Vorderradbremse	Doppelscheibe 260 mm	Doppelscheibe 260 mm	Doppelscheibe 260 mm
Hinterradbremse	Trommel 260 mm	Trommel 260 mm	Trommel 260 mm
Vorderradreifen	110/90-18	100/90-18	3.25 S 18
Hinterradreifen	110/90-18	100/90-18	3.50 S 18
Allgemeine Daten			
Leergewicht (kg)	170	166	189
Tankinhalt (l)	14,5	14,5	15
Höchstgeschw. (km/h)	175	150	167
Stückzahl	5.000	3.000	100

Jahr	1976	1977–1978	1978–1979	1978–1984
Modell	125 LH	125 LH 1	125 LH 3	125 LZ Custom
Motor				
Hubraum (cm³)	124	124	124	124
Zylinder	1	1	1	1
Bohrung x Hub (mm)	55 x 52	55 x 52	55 x 52	54 x 54
Arbeitsweise	Zweitakt	Zweitakt	Zweitakt	Zweitakt
Steuerung	Membraneinlass	Membraneinlass	Membraneinlass	Schlitz
Gemischaufbereitung	Bing Ø 32	Dellorto Ø 32	Dellorto Ø 32	Mikuni Ø 28
Ventile/Zylinder	0	0	0	0
Verdichtung	11,5:1	13,5:1	13,5:1	k. A.
Kühlung	Luft	Luft	Luft	Flüssigkeit
Leistung (PS bei U/min)	18/7400	19/7600	22/7400	17/7600
Zündung	kontaktlos, Thyristor	kontaktlos, Thyristor	kontaktlos, Thyristor, 12 V/55 W	kontaktlos, Thyristor, 12 V/55 W
Kraftübertragung				
Anz. Gänge	6	6	6	5
Kupplung	Mehrscheiben-Kupplung im Ölbad	Mehrscheiben-Kupplung im Ölbad	Mehrscheiben-Kupplung im Ölbad	Mehrscheiben-Kupplung im Ölbad
Hinterradantrieb	Kette	Kette	Kette	Kette
Starter	Kick	Kick	Kick	Kick
Fahrwerk				
Rahmen	Rohrrahmen, zweidimensional	Rohrrahmen, zweidimensional	Rohrrahmen, zweidimensional	Rohrrahmen, zweidimensional
Vorderradfederung	hydr. ged. Telegabel	hydr. ged. Telegabel	hydr. ged. Telegabel	hydr. ged. Telegabel
Hinterradfederung	Schwinge mit hydr. ged. Federbeinen	Schwinge mit hydr. ged. Federbeinen	Schwinge mit hydr. ged. Federbeinen	Schwinge mit hydr. ged. Federbeinen
Vorderradbremse	Trommel 150 mm	Trommel 140 mm	Trommel 140 mm	Scheibe
Hinterradbremse	Trommel 150 mm	Trommel 140 mm	Trommel 140 mm	Trommel
Vorderradreifen	3.00-21	3.00-21	3.00-21	2.50-18
Hinterradreifen	4.00-18	4.00-18	4.00-18	3.00-18
Allgemeine Daten				
Leergewicht (kg)	98	104	104	108
Tankinhalt (l)	11	8	8	13
Höchstgeschw. (km/h)	110	einsatzabhängig	einsatzabhängig	120
Stückzahl	2.000 (alle LH)	2.000 (alle LH)	2.000 (alle LH)	20.000 (alle LZ)

Jahr	1978–1982	1978–1982	1978–1982	1977–1984
Modell	125 LZ Elegant	125 LZ Sport	125 LZ Strada	175 LZ Strada
Motor				
Hubraum (cm³)	124	124	124	163
Zylinder	1	1	1	1
Bohrung x Hub (mm)	54 x 54	54 x 54	54 x 54	62 x 54
Arbeitsweise	Zweitakt	Zweitakt	Zweitakt	Zweitakt
Steuerung	Schlitz	Schlitz	Schlitz	Schlitz
Gemischaufbereitung	Mikuni Ø 28	Mikuni Ø 28	Mikuni Ø 28	Mikuni Ø 28
Ventile/Zylinder	0	0	0	0
Verdichtung	k. A.	k. A.	k. A.	k. A.
Kühlung	Flüssigkeit	Flüssigkeit	Flüssigkeit	Flüssigkeit
Leistung (PS bei U/min)	17/7600	17/7600	17/7600	18/7400
Zündung	kontaktlos, Thyristor, 6 V	kontaktlos, Thyristor, 6 V	kontaktlos, Thyristor, 6 V	kontaktlos, Thyristor, 6 V
Kraftübertragung				
Anz. Gänge	5	5	5	5
Kupplung	Mehrscheiben-Kupplung im Ölbad	Mehrscheiben-Kupplung im Ölbad	Mehrscheiben-Kupplung im Ölbad	Mehrscheiben-Kupplung im Ölbad

Hinterradantrieb	Kette	Kette	Kette	Kette
Starter	Kick	Kick	Kick	Kick
Fahrwerk				
Rahmen	Rohrrahmen, zweidimensional	Rohrrahmen, zweidimensional	Rohrrahmen, zweidimensional	Rohrrahmen, zweidimensional
Vorderradfederung	hydr. ged. Telegabel	hydr. ged. Telegabel	hydr. ged. Telegabel	hydr. ged. Telegabel
Hinterradfederung	Schwinge mit hydr. ged. Federbeinen	Schwinge mit hydr. ged. Federbeinen	Schwinge mit hydr. ged. Federbeinen	Schwinge mit hydr. ged. Federbeinen
Vorderradbremse	Scheibe	Scheibe	Scheibe	Scheibe
Hinterradbremse	Trommel	Trommel	Trommel	Trommel
Vorderradreifen	2.50-18	2.50-18	2.50-18	2.50-18
Hinterradreifen	3.00-18	3.00-18	3.00-18	3.25-18
Allgemeine Daten				
Leergewicht (kg)	108	108	108	109
Tankinhalt (l)	13	13	13	14
Höchstgeschw. (km/h)	120	120	120	122
Stückzahl	20.000 (alle LZ)	20.000 (alle LZ)	20.000 (alle LZ)	20.000 (alle LZ)

Jahr	1974–1975	1975	1976	1876–1977	1977–1979
Modell	250 Chott 2T	250 2 TR	250 2 TR 7	250 LH 2	250 LH 4
Motor					
Hubraum (cm³)	247	247	247	245	245
Zylinder	1	1	1	1	1
Bohrung x Hub (mm)	68 x 68	68 x 68	68 x 68	69,5 x 64,5	69,5 x 64,5
Arbeitsweise	Zweitakt	Zweitakt	Zweitakt	Zweitakt	Zweitakt
Steuerung	Schlitz	Schlitz	Schlitz	Schlitz	Schlitz
Gemischaufbereitung	Dellorto Ø 32	Dellorto Ø 32	Dellorto Ø 32	Mikuni Ø 38	Mikuni Ø 38
Ventile/Zylinder	0	0	0	0	0
Verdichtung	10:1	10:1	10:1	13,5:1	13,5:1
Kühlung	Luft	Luft	Luft	Luft	Luft
Leistung (PS bei U/min)	26/7600	27/7600	27/7600	29/7600	29/7600
Zündung	kontaktlos, Elektronik	kontaktlos, Elektronik 12 V/55 W	kontaktlos, Elektronik 12 V/55 W	kontaktlos, Elektronik 12 V/55 W	kontaktlos, Elektronik 12 V/55 W
Kraftübertragung					
Anz. Gänge	5	5	5	6	6
Kupplung	Mehrscheiben-Trockenkupplung	Mehrscheiben-Trockenkupplung	Mehrscheiben-Trockenkupplung	Mehrscheiben-Kupplung im Ölbad	Mehrscheiben-Kupplung im Ölbad
Hinterradantrieb	Kette	Kette	Kette	Kette	Kette
Starter	Kick	Kick	Kick	Kick	Kick
Fahrwerk					
Rahmen	Doppelschleifen-Rohrrahmen	Doppelschleifen-Rohrrahmen	Doppelschleifen-Rohrrahmen	Rohrrahmen, zweidimensional	Rohrrahmen, zweidimensional
Vorderradfederung	hydr. ged. Telegabel	hydr. ged. Telegabel	hydr. ged. Telegabel	hydr. ged. Telegabel	hydr. ged. Telegabel
Hinterradfederung	Schwinge mit hydr. ged. Federbeinen	Schwinge mit hydr. ged. Federbeinen	Schwinge mit hydr. ged. Federbeinen	Schwinge mit Gas-druck-Federbeinen	Schwinge mit Gas-druck-Federbeinen
Vorderradbremse	Trommel 180 mm	Trommel 180 mm	Trommel 180 mm	Trommel 140 mm	Trommel 140 mm
Hinterradbremse	Trommel 180 mm	Trommel 180 mm	Trommel 180 mm	Trommel 160 mm	Trommel 160 mm
Vorderradreifen	3.00-21	3.00-21	3.00-21	3.00-21	3.00-21
Hinterradreifen	4.00-18	4.00-18	4.00-18	4.00-18	4.00-18
Allgemeine Daten					
Leergewicht (kg)	118	118	118	k. A.	105
Tankinhalt (l)	11	11	11	13	8
Höchstgeschw. (km/h)	127	127	127	140	140
Stückzahl	5.000 (alle 2T)	5.000 (alle 2T)	5.000 (alle 2T)	2.000 (alle LH)	2.000 (alle LH)

Kapitel 17

Malanca

Mario Malanca gründete 1956 die Firma Malanca in Bologna. Das erste in eigener Produktion hergestellte Modell war ein Moped. Einige 50-cm³-Modelle mit Zweitaktmotoren, wie die Testa Rossa von 1970, folgten.

Seit 1968 entwickelte Malanca Rennmotorräder, unter anderem 1972 eine Zweizylindermaschine mit 125 cm³ und 36 PS sowie eine 50er-Version mit 16 PS. Zunächst nur in der italienischen Meisterschaft startend, war Otello Buscherini bald auch international erfolgreich. Nach zwei dritten Plätzen bei den 50ern in der Motorrad-WM 1972, zwei Siegen in der Saison 1973 in der Klasse bis 125 cm³ und zwei zweiten Plätzen 1974, ebenfalls in der 125er Klasse, war die Marke Malanca ein Begriff in der internationalen Motorradszene geworden.

Ab 1973 wurden Zweizylindermotoren für die eigenen 125-cm³-Straßenmaschinen produziert und diese bis zum Ende des Jahrzehnts stetig weiterentwickelt. 1978 übernahm der Sohn Marco Malanca das Unternehmen unter großem Konkurrenzdruck, konnte seine Schließung im Jahre 1986 aber nicht verhindern.

Die Malanca-Modelle im Überblick

125 E2C	**1973–1974**	
2-Zyl.-2-Takt	125 cm³	17 PS / 9200 U/min
125 E2C Turismo	**1974–1977**	
2-Zyl.-2-Takt	125 cm³	16 PS / 8000 U/min
125 E2C Scrambler	**1976–1979**	
2-Zyl.-2-Takt	125 cm³	20 PS / 9000 U/min
125 E2C Sport	**1976–1980**	
2-Zyl.-2-Takt	125 cm³	17 PS / 8400 U/min
150 GT Strada	**1975–1979**	
2-Zyl.-2-Takt	155 cm³	20 PS / 9800 U/min
150 3 GTS	**1977–1980**	
2-Zyl.-2-Takt	155 cm³	24 PS / 9800 U/min

> **Otello Buscherini auf Siegesfahrt am 29. Juli 1973 in der 125er Klasse beim Großen Preis von Finnland in Imatra. Buscherini fuhr von 1972 bis 1976 recht erfolgreich in den Klassen 50 und 125 cm³ für Malanca, ehe er in diesem letzten Jahr auf einer 250er Yamaha tödlich verunglückte.**

> 1974 kam mit der 125 E2C das erste 125-cm³-Modell von Malanca auf den Markt. Ein Zweizylinder-Zweitakter mit elektronischer Zündung, zwei Vergasern und Fünfganggetriebe trieb die Maschine an. Aufbau und Optik des bei Malanca entwickelten Motors ähnelte dem Triebwerk der Yamaha RD 125.

> 1976 splitteten sich die 125er Malanca-Modelle in drei Varianten auf. Im Bild das Scrambler-Modell. Anfangs wurden noch getrennte Gusszylinder verbaut, später wurden die Zylinder aus Aluminium gegossen und eine spezielle Chrombeschichtung sorgte für weniger Verschleiß und mehr Standfestigkeit.

> Die Malanca 125 Sport war ein Kraftpaket in einem sportlichen Fahrwerk: geschlossener Rohrrahmen, Doppelscheibenbremse vorn, Borrani-Aluhochschulterfelgen, 32-mm-Telegabel, offene Federbeine hinten, Stummellenker. Knapp über 100 kg schwer war die Maschine bis 125km/h schnell.

> Ab 1977/78 wurden bei der Malanca 125 Sport Alugussfelgen verbaut, eine dritte Scheibenbremse arbeitete jetzt im Hinterrad, die Typbezeichnungen und Farbkombinationen veränderten sich in den Folgejahren wie auch die Form der Sitzbank.

> Eine 150-cm³-Version der Zweizylinder-Malanca mit 24 PS bei 9800 U/min und bis zu 140km/h schnell entstand ab 1975 aus dem aufgebohrten 125er Motor. Die Maschine durchlief die technischen und optischen Änderungen parallel zur 125er. (Foto: Luca Mass)

Jahr	1973–1974	1974–1977	1976–1979	1976–1980	1975–1979	1977–1980
Modell	125 E2C	125 E2C Turismo	125 E2C Scrambler	125 E2C Sport	150 GT Strada	150 3 GTS
Motor						
Hubraum (cm³)	125	125	125	125	155	155
Zylinder	2	2	2	2	2	2
Bohrung x Hub (mm)	43 x 43	43 x 43	43 x 43	43 x 43	k. A.	k. A.
Arbeitsweise	Zweitakt	Zweitakt	Zweitakt	Zweitakt	Zweitakt	Zweitakt
Steuerung	Schlitz	Schlitz	Schlitz	Schlitz	Schlitz	Schlitz
Gemischaufbereitung	2 x Dellorto Ø 19	2 x Dellorto Ø 19	2 x Dellorto	2 x Dellorto Ø 25	2 x Dellorto	2 x Dellorto
Ventile/Zylinder	0	0	0	0	0	0
Verdichtung	8,5:1	8,5:1	k. A.	12:1	k. A.	k. A.
Kühlung	Luft	Luft	Luft	Luft	Luft	Luft
Leistung (PS bei U/min)	17/9200	16/9000	18/8800	20/10000	20/9800	24/9800
Zündung	kontaktlos, Thyristor	kontaktlos, Thyristor	kontaktlos, Thyristor	kontaktlos, Thyristor	kontaktlos, Thyristor	kontaktlos, Thyristor
Kraftübertragung						
Anz. Gänge	5	5	5	5	5	5
Kupplung	Mehrscheiben-Kupplung im Ölbad	Mehrscheiben-Kupplung im Ölbad	Mehrscheiben-Kupplung im Ölbad	Mehrscheiben-Kupplung im Ölbad	Mehrscheiben-Kupplung im Ölbad	Mehrscheiben-Kupplung im Ölbad
Hinterradantrieb	Kette	Kette	Kette	Kette	Kette	Kette
Starter	Kick	Kick	Kick	Kick	Kick	Kick
Fahrwerk						
Rahmen	Doppelschleifen-Rohrrahmen	Doppelschleifen-Rohrrahmen	Doppelschleifen-Rohrrahmen	Doppelschleifen-Rohrrahmen	Doppelschleifen-Rohrrahmen	Doppelschleifen-Rohrrahmen
Vorderradfederung	hydr. ged. Telegabel	hydr. ged. Telegabel	hydr. ged. Telegabel	hydr. ged. Telegabel	hydr. ged. Telegabel	hydr. ged. Telegabel
Hinterradfederung	Schwinge mit hydr. ged. Federbeinen	Schwinge mit hydr. ged. Federbeinen	Schwinge mit hydr. ged. Federbeinen	Schwinge mit hydr. ged. Federbeinen	Schwinge mit hydr. ged. Federbeinen	Schwinge mit hydr. ged. Federbeinen
Vorderradbremse	Trommel	Scheibe	Trommel 160 mm	Doppelscheibe 240 mm	Scheibe	Doppelscheibe 240 mm
Hinterradbremse	Trommel	Trommel 140 mm	Trommel 140 mm	Scheibe 240 mm	Trommel	Scheibe 240 mm
Vorderradreifen	2.75-18	2.75-18	3.00-21	2.75-18	3.00-18	3.00-18
Hinterradreifen	3.00-18	3.00-18	3.25-18	3.00-18	3.25-18	3.25-18
Allgemeine Daten						
Leergewicht (kg)	115	115	k. A.	97	105	107
Tankinhalt (l)	11	11	k. A.	11	11	11
Höchstgeschw. (km/h)	118	118	125	140	140	145

Kapitel 18
Mazzilli

Nach dem Ende des Zweiten Weltkrieges kaufte der damals fünfzehnjährige Giorgio Mazzilli sein erstes Motorrad, eine 250er Zündapp von 1926. Im Sommer 1947 bekam er einen Saisonjob bei Parilla und baute im Jahr darauf mit achtzehn Jahren seine erste »Mazzilli« mit 98-cm³-MV-Motor auf.

1952 begann er als Designer bei Innocenti in Mailand, war später für Laverda tätig und sammelte Erfahrungen in den USA und in Japan.

> 1970 realisierte Giorgio Mazzilli angesichts des hervorragenden Ergebnisses auf den Geländestrecken seine erste Serie mit etwa 90 Motorrädern. In die selbstentworfenen, stabilen Fahrwerke setzte der Italiener hauptsächlich Fünfgang-Zündapp-Triebwerke bis 125 cm³ ein.

> 1972 entstand die zweite Mazzilli-Serie (leicht erkennbar am Filter auf dem Tank), die durch umfangreiches Experimentieren und mit dem Bau zweier Zwischenprototypen weiter optimiert wurde. Etwa 100 Maschinen entstanden, die unter anderem bei der XXIV. Valli Bergamasche in Bergamo, einem Lauf zur Enduro-Europameisterschaft, auf sich aufmerksam machten.

> Die im Jahre 1975 entstandene vierte Serie erhielt wegen der speziellen Form ihres Schalldämpfers den Spitznamen »Tubone«. Die 90 gebauten Motorräder wurden von den Kritikern als letzte Möglichkeit gesehen, Mechanik und Fahrwerk der Mazzilli-Maschinen noch zu verbessern. (Foto: ec.classic.com)

> Der Aluminiumtank, der Scheinwerferhalter, die amerikanischen Preston-Kotflügel und der markante Auspuff kennzeichneten die fünfte und letzte Serie von Giorgio Mazzillis Enduros. 50 Maschinen entstanden noch einmal zwischen Ende 1975 und 1976.

> Mit einem komplett neuen, der Zeit angepassten Design baute Mazzilli 1974 seine vierte Serie auf. Weitere 100 Maschinen entstanden, die bei nationalen und internationalen Wettbewerben auf Medaillenjagd gingen. Besonders erfolgreich waren hier weiterhin die 125er, deren Zündapp-Motor inzwischen 22 PS bei 9300 U/min leistete.

Zurück in Italien fuhr Giorgio Mazzilli bei Geländewettbewerben unter anderem auf Gilera mit, nicht ohne die Maschinen vorher gründlich umgebaut zu haben, um sie konkurrenzfähig zu machen.

Mit seiner Erfahrung begann er im Januar 1969 mit den Konstruktionsarbeiten für ein eigenes Geländesport-Motorrad, das dann mit einem 125-cm³-Maico-Motor ausgestattet war. Daraus entstand 1970 die erste Mazzilli-Serie mit Fünfgang-Triebwerken von Fichtel & Sachs. Die ersten fünf Exemplare mit 100 und 125 cm³ baute Mazzilli für sich selbst und für einige enge Freunde.

Nach dem Bau von vier weiteren Serien, die damals alle sehr wohlwollend aufgenommen worden waren (viele Erfolge unter anderem bei den Sechstage-Fahrten zeugten von der Qualität der Maschinen), beendete Giorgio Mazzilli 1977 die Fertigung. Die Motorräder waren inzwischen nicht mehr konkurrenzfähig und die kleine Werkstatt hatte den großen Konzernen nichts mehr entgegenzusetzen.

Es gibt zwar für die jeweiligen Bauserien die ungefähren Gesamtstückzahlen, die zwischen anfänglich 90 bis 100 und zuletzt 50 Maschinen variieren (insgesamt sollen rund 400 Motorräder von Mazzilli aufgebaut worden sein), aber wie viele Geländesportler in welchen Hubräumen gebaut wurden, ist heute unbekannt. Aus diesem Grunde muss an dieser Stelle auf eine Modellübersicht verzichtet werden.

Kapitel 19
Mondial

Als FB Mondial wurde die Firma 1929 in Mailand gegründet. FB stand dabei für Fratelli Boselli, da die vier Boselli-Brüder Luigi, Carlo, Ettore und Ada gemeinsam ins Motorradgeschäft einstiegen. Die ersten leichten und mit steigendem Erfolg gebauten Maschinen entstanden allerdings beim Motorenkonstrukteur Drusiani in Bologna.
Nach dem Zweiten Weltkrieg und der Zerstörung der Werksanlagen startete FB Mondial 1948 in die zweite Schaffensperiode. Frühen Rennerfolgen folgten bis 1957 fünf Weltmeistertitel in den Klassen 125 und 250 cm³, die der Marke endgültig zum Durchbruch verhalfen. Bei den Serienmaschinen spezialisierte sich Mondial auf leistungsstarke Motorräder mit kleinen Hubräumen. Dabei entsprach die Produktion einer Kleinserien-Manufaktur und die Produktionszahlen lagen entsprechend nur zwischen 1000 und 2000 Einheiten pro Jahr.
Dem Beschluss einiger großer italienischer Hersteller, sich nach 1957 aus Kostengründen aus dem Grand Prix-Sport zurückzuziehen, schloss sich Mondial an. In der Folge verlor die Marke rapide an Popularität und schon 1960 verließ das letzte mit eigenem Motor bestückte Mondial-Motorrad das Werk. Danach fungierte die Firma 19 Jahre lang als Konfektionär und setzte Motoren verschiedener Hersteller von 50 bis 125 cm³ in eigene Rahmen ein. 1979 stellte Mondial die Produktion vollständig ein und kehrte erst fast zwanzig Jahre später auf den Markt zurück.

Die Mondial-Modelle im Überblick

Cross 125	**1970–1971**	
1-Zyl.-2-Takt	123 cm³	17 PS / 8200 U/min
Cross 125	**1971–1972**	
1-Zyl.-2-Takt	123 cm³	18 PS / 7500 U/min
125 Cross Radial V6 MK3	**1971–1972**	
1-Zyl.-2-Takt	123 cm³	18 PS / 7500 U/min
125 cc Cross Radial V6	**1972–1973**	
1-Zyl.-2-Takt	123 cm³	18 PS / 7500 U/min
125 R.C.T. V6	**1972–1974**	
1-Zyl.-2-Takt	123 cm³	20 PS / 8500 U/min
125 Touring V5	**1973–1976**	
1-Zyl.-2-Takt	123 cm³	16 PS / 7500 U/min
125 R.C.E. Special	**1974–1976**	
1-Zyl.-2-Takt	123 cm³	19 PS / 8500 U/min
125 Regolarità	**1974–1978**	
1-Zyl.-2-Takt	123 cm³	19 PS / 8500 U/min
125 Radial V6	**1976–1979**	
1-Zyl.-2-Takt	123 cm³	18 PS / 7500 U/min

> Als Typ 125 Cross erschien 1970 eine Mondial-Enduro mit einem Fünfgangmotor von Fichtel & Sachs. Im aufkommenden italienischen 125er Markt war die Maschine mit 17 PS durchaus wettbewerbstauglich. Schon im Jahr darauf wurde die Leistung mit 18 PS bei 7500 U/min angegeben.

> Ab 1971 stellte Mondial der Wettbewerbsenduro mit der Cross Radial V6 eine Scrambler-Variante, erkennbar am anliegenden vorderen Kotflügel, zur Seite. Die 125er war für den damals angestrebten US-Export gedacht und wurde schon vom Sachs-Sechsgangmotor angetrieben.

> Bei Mondial wechselten jährlich nicht nur Optik und – in kleinen Schritten – Technik, sondern auch die verwirrenden Typenbezeichnungen. Bei der 125 cc Cross Radial V6 von 1972 waren immerhin der Hubraum und die Zahl der Getriebegänge klar.

> Dem ersten Scrambler-Modell folgte 1972 ein optisch deutlich überarbeitetes Modell mit der Bezeichnung 125 R.C.T. V6. Weiterhin war das Sechsgangtriebwerk von Fichtel und Sachs im Einsatz, das hier jetzt 20 PS leistete und die 90 kg leichte Maschine bis auf 130 km/h beschleunigte.

> Die Mondial 125 Touring V5 kam 1973 als neuentwickeltes Straßenmodell mit Minarelli-Motor auf den Markt. Mit fünf Gängen, 16 PS und dem typisch italienischen sportlichen Design, war die kleine 125er durchaus up to date, fristete aber dennoch ein Mauerblümchendasein.

> Mondial blieb bis zum Produktionsende dabei, zwei Enduro-Typen anzubieten. Ab 1974 kamen die Maschinen in neuem Design, der Scrambler mit dem eng anliegenden Schutzblech als Mondial 125 R.C.E. Special und die Maschine fürs Gelände als Mondial 125 Regolarità. Die Leistungsdaten beider Maschinen waren identisch.

> Ein letztes Mal schickte Mondial 1976 einen überarbeiteten Scrambler auf einen Markt, der von solchen 125er schier überschwemmt war. Im Auf und Ab von Typenbezeichnungen und Leistungsdaten leistete der Sachs-Motor in der Mondial 125 Radial V6 wieder 18 PS bei moderaten 7500 U/min.

Jahr	1970–1972	1971–1973	1972–1974	1973–1976
Modell	Cross 125	125 Cross Radial V6	125 R.C.T. V6	125 Touring V5
Motor				
Hubraum (cm³)	123	123	123	123
Zylinder	1	1	1	1
Bohrung x Hub (mm)	54 x 54	54 x 54	54 x 54	54 x 54
Arbeitsweise	Zweitakt	Zweitakt	Zweitakt	Zweitakt
Steuerung	Schlitz	Schlitz	Schlitz	Schlitz
Gemischaufbereitung	Bing Ø 26	Bing Ø 26	Bing Ø 30	Dellorto Ø 24
Ventile/Zylinder	0	0	0	0
Verdichtung	11:1	12,5:1	12,5:1	9,5:1
Kühlung	Luft	Luft	Luft	Luft
Leistung (PS bei U/min)	17/8200	18/7500	19/8500	16/7500
Zündung	Schwunglicht-Magnet-zündung 6 V / 35 W	kontaktlos, Thyristor	kontaktlos, Thyristor	Schwunglicht-Magnet-zündung 6 V / 35 W
Kraftübertragung				
Anz. Gänge	5	6	6	5

Weiter auf nächster Seite >

Kupplung	Mehrscheiben-Kupplung im Ölbad	Mehrscheiben-Kupplung im Ölbad	Mehrscheiben-Kupplung im Ölbad	Mehrscheiben-Kupplung im Ölbad
Hinterradantrieb	Kette	Kette	Kette	Kette
Starter	Kick	Kick	Kick	Kick
Fahrwerk				
Rahmen	Doppelschleifen-Rohrrahmen	Doppelschleifen-Rohrrahmen	Doppelschleifen-Rohrrahmen	Doppelschleifen-Rohrrahmen
Vorderradfederung	hydr. ged. Telegabel	hydr. ged. Telegabel	hydr. ged. Telegabel	hydr. ged. Telegabel
Hinterradfederung	Schwinge mit hydr. ged. Federbeinen	Schwinge mit hydr. ged. Federbeinen	Schwinge mit hydr. ged. Federbeinen	Schwinge mit hydr. ged. Federbeinen
Vorderradbremse	Trommel 136 mm	Trommel 136 mm	Trommel 136 mm	Trommel 135 mm
Hinterradbremse	Trommel 136 mm	Trommel 136 mm	Trommel 136 mm	Trommel 135 mm
Vorderradreifen	2.50-21	2.50-21	3.00-21	2.50-18
Hinterradreifen	3.50-18	3.50-18	3.50-18	3.00-18
Allgemeine Daten				
Leergewicht (kg)	93	95	95	80
Tankinhalt (l)	8	10	10	12
Höchstgeschw. (km/h)	einsatzabhängig	einsatzabhängig	einsatzabhängig	110

Jahr	1974–1976	1974–1978	1976–1979
Modell	125 R.C.E. Special	125 Regolaritá	125 Radial V6
Motor			
Hubraum (cm³)	123	123	123
Zylinder	1	1	1
Bohrung x Hub (mm)	54 x 54	54 x 54	54 x 54
Arbeitsweise	Zweitakt	Zweitakt	Zweitakt
Steuerung	Schlitz	Schlitz	Schlitz
Gemischaufbereitung	Bing Ø 30	Bing Ø 26	Bing Ø 26
Ventile/Zylinder	0	0	0
Verdichtung	12,5:1	12,5:1	12,5:1
Kühlung	Luft	Luft	Luft
Leistung (PS bei U/min)	19/8500	19/8500	18/7500
Zündung	Schwunglicht-Magnetzündung 6 V / 35 W	kontaktlos, Thyristor	kontaktlos, Thyristor
Kraftübertragung			
Anz. Gänge	5	6	6
Kupplung	Mehrscheiben-Kupplung im Ölbad	Mehrscheiben-Kupplung im Ölbad	Mehrscheiben-Kupplung im Ölbad
Hinterradantrieb	Kette	Kette	Kette
Starter	Kick	Kick	Kick
Fahrwerk			
Rahmen	Doppelschleifen-Rohrrahmen	Doppelschleifen-Rohrrahmen	Doppelschleifen-Rohrrahmen
Vorderradfederung	hydr. ged. Telegabel	hydr. ged. Telegabel	hydr. ged. Telegabel
Hinterradfederung	Schwinge mit hydr. ged. Federbeinen	Schwinge mit hydr. ged. Federbeinen	Schwinge mit hydr. ged. Federbeinen
Vorderradbremse	Trommel 136 mm	Trommel 136 mm	Trommel 136 mm
Hinterradbremse	Trommel 136 mm	Trommel 136 mm	Trommel 136 mm
Vorderradreifen	3.00-21	2.50-21	2.50-21
Hinterradreifen	3.50-18	3.50-18	3.50-18
Allgemeine Daten			
Leergewicht (kg)	95	95	95
Tankinhalt (l)	10	10	10
Höchstgeschw. (km/h)	einsatzabhängig	einsatzabhängig	einsatzabhängig

1977
Road Racing World Champion
250 cc. Class
Mario Lega

1975
Road Racing World Champion
125 cc. Class
Paolo Pileri

1976 - 1977
Road Racing World Champion
125 cc. Class
Pierpaolo Bianchi

Kapitel 20
Morbidelli

In dem 1952 für Maschinen zur Holzbearbeitung gegründeten Unternehmen kam Ende der 1960er Jahre beim Eigentümer Giancarlo Morbidelli, der selbst Rennen fuhr, die Idee auf, eine Motorradsparte zu eröffnen. Ab 1969 nahmen die Motorräder von Morbidelli mit einem von Franco Ringhini entwickelten 50-cm³-Motor an der Motorrad-Weltmeisterschaft teil. Später kamen Zweitakter bis 350 cm³ hinzu, wobei vor allem die 125er recht erfolgreich waren. Für Morbidelli fuhren Fahrer wie Eugenio Lazzarini, Toni Mang und Pierpaolo Bianchi. Neben Ringhini zeigte sich auch Jörg Möller, der bereits den Basismotor für die Kreidler Van Veen entworfen hatte, für die Entwicklung der Modelle zuständig. Ab 1975 arbeitete man unter dem Kürzel MBA mit Benelli zusammen.

Neben den Erfolgen bei nationalen Läufen, darunter sieben italienische Meistertitel, konnten die Maschinen des Herstellers in der Motorrad-Weltmeisterschaft weit über 30 Siege einfahren. Nach dem WM-Titel 1977 in der 250er Klasse, fuhr Graziano Rossi – der Vater von Valentino Rossi – 1979 mit Morbidelli im Gesamtklassement der 250 cm³ bis auf Platz drei vor. Die 125-cm²-Maschinen holten 1975, 1976 und 1977 drei Weltmeistertitel. In Kleinserie wurden ab 1976 125er Rennmaschinen zum freien Verkauf angeboten. Als Folge der Dominanz der japanischen Hersteller ging die Marke, wie viele andere europäische Hersteller auch, jedoch bald unter. 1982 wurde die Produktion von Zweirädern eingestellt.

Die Morbidelli-Modelle im Überblick

125 Competizione	**1976–1977**	
2-Zyl.-2-Takt	124 cm³	35 PS / 14000 U/min
125 Competizione	**1977–1979**	
2-Zyl.-2-Takt	124 cm³	37 PS / 14300 U/min

> Die 125er Morbidelli-Werksrennmaschine des Jahres 1977 wies im Gegensatz zu den käuflichen Kundenmaschinen eine Hinterradschwinge mit zentralem Federelement auf.

> Pierpaolo Bianchi holte auf der 125er Morbidelli in den Jahren 1976 und 1977 die Weltmeistertitel in dieser Klasse. Insgesamt wurden Morbidelli-Maschinen vier Mal Weltmeister und holten zahllose nationale Titel in verschiedenen Ländern.

> Ab 1976 bot Morbidelli europäischen Kunden eine 125er Rennmaschine an, die zunächst 35 PS leistete, Der Zweizylinder-Zweitaktmotor war wassergekühlt und verfügte über eine Drehschiebereinlass-Steuerung. Für die 80 kg leichte Maschine wurden 230 km/h Höchstgeschwindigkeit angegeben.

> Die Morbidelli 125 Competizione in rennfähiger Vollverkleidung. Mit den ab 1977 angegebenen 37 PS war man – zumindest bei nationalen Meisterschaften – gut dabei. Wer im Ostblock – auf welchen Wegen auch immer – an eine solche Maschine kam, dem war der Meistertitel über Jahre sicher.

Jahr	1976–1977	1977–1979
Modell	125 Competizione	125 Competizione
Motor		
Hubraum (cm³)	124,5	124,5
Zylinder	2	2
Bohrung x Hub (mm)	44 x 41	44 x 41
Arbeitsweise	Zweitakt	Zweitakt
Steuerung	Drehschieber-Einlass	Drehschieber-Einlass
Gemischaufbereitung	2 x Mikuni Ø 28	2 x Mikuni Ø 28
Ventile/Zylinder	0	0
Verdichtung	16,2:1	14:1
Kühlung	Flüssigkeit	Flüssigkeit
Leistung (PS bei U/min)	35/14000	37/14300
Zündung	kontaktlos, Thyristor, 12 V	kontaktlos, Thyristor, 12 V
Kraftübertragung		
Anz. Gänge	6	6
Kupplung	Mehrscheiben-Trockenkupplung	Mehrscheiben-Trockenkupplung
Hinterradantrieb	Kette	Kette
Starter	kein	kein
Fahrwerk		
Rahmen	Doppelschleifen-Rohrgitter	Doppelschleifen-Rohrgitter
Vorderradfederung	hydr. ged. Telegabel	hydr. ged. Telegabel
Hinterradfederung	Schwinge mit hydr. ged. Federbeinen	Schwinge mit Öl/Gas ged. Federbeinen
Vorderradbremse	Doppelscheibe 220 mm	Doppelscheibe 200 mm
Hinterradbremse	Scheibe 220 mm	Scheibe 200 mm
Vorderradreifen	2.75 S 18 PZ 2	2.75 S 18 PZ 2
Hinterradreifen	2.75 S 18 PZ 2	2.75 S 18 PZ 2
Allgemeine Daten		
Leergewicht (kg)	80	80
Tankinhalt (l)	14	14
Höchstgeschw. (km/h)	230	230

Kapitel 21
Morini

Alfonso Morini begann 1924 in Bologna kleine Transportdreiräder zu bauen. Ab 1946 nahm er die Fertigung einer kleinen 125er auf, die die Firma über Jahrzehnte hinweg, stets weiterentwickelt und in verschiedene Modellvarianten aufgesplittet, im Programm behielt. Anfangs nur mit Zweitaktmotoren bestückt, kamen bald Viertaktmaschinen dazu und Morini entwickelte sich zu einer in Italien beliebten Marke, wozu nicht zuletzt sportliche Erfolge in den 50er und 60er Jahren des vorigen Jahrhunderts beitrugen. Und die käuflichen Production-Racer ebneten zahlreichen Enthusiasten den Weg in den Motorsport. 1969 verstarb der Firmengründer und seine Tochter Gabriella übernahm die Leitung der Firma. Danach war es vor allem die 350-cm³-Maschine mit V2-Motor, die die Firma aus Bologna erfolgreich auf dem Markt hielt. In den 80er Jahren allerdings ging es auch bei Morini – wie bei so vielen anderen Traditionsmarken – bergab und die Brüder Castiglioni, die bereits die Marken Husqvarna, Cagiva und Ducati geschluckt hatten, übernahmen die Firma 1987.

Die Morini-Corsaro-Modelle im Überblick

Corsaro Sport Lusso 125	**1967–1972**	
1-Zyl.-4-Takt ohv	123 cm³	10,5 PS / 9000 U/min
Corsaro Super Sport 125	**1968–1975**	
1-Zyl.-4-Takt ohv	123 cm³	12,5 PS / 9600 U/min
Corsaro Super Sport 150	**1968–1975**	
1-Zyl.-4-Takt ohv	143 cm³	12,75 PS / 9400 U/min
Corsaro Gran Turismo 150	**1967–1972**	
1-Zyl.-4-Takt ohv	143 cm³	11,35 PS / 8600 U/min
Corsaro 125 Country	**1969–1975**	
1-Zyl.-4-Takt ohv	123 cm³	12,45 PS / 9600 U/min
Corsaro Special 125	**1970–1975**	
1-Zyl.-4-Takt ohv	123 cm³	12,45 PS / 9600 U/min
Corsaro Special 150	**1970–1975**	
1-Zyl.-4-Takt ohv	143 cm³	12,7 PS / 9400 U/min

> Ein 125-cm³-Motorrad mit Viertaktmotor war in der Masse der zweitaktenden italienischen Achtelliter-Maschinen schon etwas Besonderes. Und mit dem schicken Design machte die Morini Corsaro Sport Lusso 125 als Alltagsmotorrad Ende der 60er Jahre auch noch eine gute Figur.

> Mit dem Viertaktsingle stellte Morini um 1970 herum eine breite Typenpalette mit 125 und 150 cm³ auf die Räder. Im Bild die Corsaro Super Sport 125, die es auch als 150er gab.

> Die sehr konservativ gestylte Morini Corsaro Gran Turismo gab es nur mit dem 143 cm³ großen Viertaktmotor. Die Viertakter hatten alle im Kopf parallel hängende Ventile, die über Kipphebel und Stoßstangen betätigt wurden. Dazu kam eine Druckumlaufschmierung mit Zahnradpumpe.

Die Morini-Regolarità Casa-Modelle im Überblick

Regolarità Casa 125	1969–1975	
1-Zyl.-4-Takt ohv	124 cm^3	13,25 PS / 9400 U/min
Regolarità Casa 160	**1969–1975**	
1-Zyl.-4-Takt ohv	153 cm^3	15 PS / 9800 U/min

> Die Morini Corsaro 125 Country war speziell für den amerikanischen Markt entwickelt worden. Zwar sprach man damals auch von möglichen Wettbewerbseinsätzen, tatsächlich waren die blubbernden 12 Viertakt-PS aber vornehmlich für die Straße gedacht.

> Regolarità stand für den Wettbewerb im Gelände und genau dafür war die Morini Regolarità Casa auch gedacht. Die Maschine gab es mit 100, 125 und 153 cm^3, wobei letztere als Casa 160 bei nationalen und internationalen Wettbewerben in der Klasse bis 175 cm^3 startete.

> Als letztes Modell der Corsaro-Familie von Morini erschien 1970 die Special, die es wieder als 125er oder 150er gab. Das war italienisch-sportlicher Stil, wie ihn sich junge Männer zu dieser Zeit wünschten. 1975 lief das Corsaro-Programm aus und wurde durch die halbierten V2-Modelle ersetzt.

> Eine spätere Ausführung der Morini Regolarità Casa 125 mit einem an die 70er Jahre angepassten Design. In den Wettbewerben hatten längst bullige Zweitakter das Regime übernommen, mit ihren gut 13 PS konnte das Modell aus Bologna da nicht mehr mithalten.

Die Morini-V2-Modelle im Überblick

Morini 3/1 GT	**1973–1983**	**14.000 Stück**
2-Zyl.-4-Takt ohv	344 cm³	35 PS / 8200 U/min
Morini 3/1 Sport	**1974–1982**	**7.700 Stück**
2-Zyl.-4-Takt ohv	344 cm³	39 PS / 8500 U/min
Morini 500 V	**1978–1982**	**3000 Stück**
2-Zyl.-4-Takt ohv	344 cm³	43 PS / 7500 U/min

> Zunächst 1971 vorgestellt, ging die Neuentwicklung Morini 3 ½ mit Zweizylinder-V-Motor mit 72 Grad Zylinderwinkel und hängenden Ventilen 1973 in die Serienproduktion. Erstmals gab es bei einem Motorrad serienmäßig eine elektronische Zündung und ein Sechsganggetriebe. Die Maschine entwickelte sich für Morini schnell zum Erfolgsmodell.

> 1974 folgte die Morini 3 ½ Sport mit 39 PS (hinten im Bild) der ersten 350er, die ab jetzt die Zusatzbezeichnung GT oder nur T erhielt. Zum ersten Mal verwendete Morini bei den V2-Modellen einen Zahnriemen zum Antrieb der zentralen Nockenwelle. Der durchzugskräftige und langlebige Motor wurde in Details ständig weiterentwickelt, jedoch vom Prinzip her lange Jahre beibehalten.

> Neben den Designänderungen in den folgenden Jahren erhielten die 3 ½ Modelle 1975 eine Scheibenbremse am Vorderrad und im Jahr darauf zunächst wahlweise Druckgussfelgen.

> 1978 folgte parallel zur 3 ½ eine 478-cm³-Version, zunächst mit fünf, bald aber mit sechs Gängen, die die Modellpalette und das Motoren-Baukastensystem nach oben hin abschloss. Als Morini 500 V oder M konnte sie nicht an den Erfolg der 350er anknüpfen.

Die Morini-Einzylinder-Modelle im Überblick

Morini 125 (T)	1975–1983	
1-Zyl.-4-Takt ohv	123 cm³	14 PS / 8500 U/min
Morini 250 (T)	**1976–1983**	
1-Zyl.-4-Takt ohv	239 cm³	18,5 PS / 7000 U/min

> Als Nachfolger der 1975 eingestellten Corsaro-Modelle erschien die 125, (zeitweise mit der Zusatzbezeichnung »T« geführt), deren Motor quasi ein halbierter 3-½-Motor mit geänderten Bohrungs- und Hubabmessungen war. Eine herausragende Erscheinung in der Masse italienischer 125-cm³-Modelle.

> 1975 auf dem Mailänder Salon erstmals gezeigt, war ein Jahr später ein 239-cm³-OHV-Einzylinder als Morini 250 T erhältlich gewesen. Das gute Fahrwerk konnte die geringe Motorleistung und die starken Vibrationen des halbierten 500er V-Triebwerks nicht aufwiegen.

Jahr	1967–1972	1968–1975	1968–1975	1967–1972	1969–1975
Modell	Corsaro Sport Lusso 125	Corsaro Super Sport 125 / Special 125	Corsaro Super Sport 150 / Special 150	Corsaro Gran Turismo 150	Corsaro 125 Country
Motor					
Hubraum (cm³)	123	123	143	143	123
Zylinder	1	1	1	1	1
Bohrung x Hub (mm)	56 x 50	56 x 50	58 x 54	58 x 54	56 x 50
Arbeitsweise	Viertakt	Viertakt	Viertakt	Viertakt	Viertakt
Steuerung	ohv	ohv	ohv	ohv	ohv
Gemischaufbereitung	Dellorto Ø 20	Dellorto Ø 22	Dellorto Ø 22	Dellorto Ø 20	Dellorto Ø 20
Ventile/Zylinder	2	2	2	2	2
Verdichtung	9,2:1	9,8:1	9,8:1	9,4:1	9,8:1
Kühlung	Luft	Luft	Luft	Luft	Luft

Leistung (PS bei U/min)	10,5/9000	12,5/9600	12,75/9400	10,75/9000	12,45/9600
Zündung	Schwunglicht-Magnetzündung 6 V / 28 W	Schwunglicht-Magnetzündung 6 V / 28 W	Schwunglicht-Magnetzündung 6 V / 28 W	Schwunglicht-Magnetzündung 6 V / 28 W	Schwunglicht-Magnetzündung 6 V / 28 W
Kraftübertragung					
Anz. Gänge	5	5	5	5	5
Kupplung	Mehrscheiben-Kupplung im Ölbad	Mehrscheiben-Kupplung im Ölbad	Mehrscheiben-Kupplung im Ölbad	Mehrscheiben-Kupplung im Ölbad	Mehrscheiben-Kupplung im Ölbad
Hinterradantrieb	Kette	Kette	Kette	Kette	Kette
Starter	Kick	Kick	Kick	Kick	Kick
Fahrwerk					
Rahmen	Rohrrahmen, zweidimensional	Rohrrahmen, zweidimensional	Rohrrahmen, zweidimensional	Rohrrahmen, zweidimensional	Rohrrahmen, zweidimensional
Vorderradfederung	hydr. ged. Telegabel	hydr. ged. Telegabel	hydr. ged. Telegabel	hydr. ged. Telegabel	hydr. ged. Telegabel
Hinterradfederung	Schwinge mit hydr. ged. Federbeinen	Schwinge mit hydr. ged. Federbeinen	Schwinge mit hydr. ged. Federbeinen	Schwinge mit hydr. ged. Federbeinen	Schwinge mit hydr. ged. Federbeinen
Vorderradbremse	Trommel 135 mm	Trommel 135 mm	Trommel 135 mm	Trommel 135 mm	Trommel 135 mm
Hinterradbremse	Trommel 135 mm	Trommel 135 mm	Trommel 135 mm	Trommel 135 mm	Trommel 135 mm
Vorderradreifen	2.50-18	2.50-18	2.50-18	2.50-18	2.50-19
Hinterradreifen	2.75-18	2.75-18	2.75-18	2.75-18	3.00-18
Allgemeine Daten					
Leergewicht (kg)	90,5	90,5	91	96	98,5
Tankinhalt (l)	10	10	10	10	10
Höchstgeschw. (km/h)	115	126	130	120	110

Jahr	1969–1975	1970–1975	1975–1983	1976–1983
Modell	Regolaritá Casa 125	Regolaritá Casa 160	Morini 125 (T)	Morini 250 (T)
Motor				
Hubraum (cm³)	123	153	123	239
Zylinder	1	1	1	1
Bohrung x Hub (mm)	56 x 50	58 x 58	59 x 45	69 x 64
Arbeitsweise	Viertakt	Viertakt	Viertakt	Viertakt
Steuerung	ohv	ohv	ohv	ohv
Gemischaufbereitung	Dellorto Ø 22	Dellorto Ø 24	Dellorto Ø 24	Dellorto Ø 26
Ventile/Zylinder	2	2	2	2
Verdichtung	10,2:1	10,0:1	11,7:1	9,5:1
Kühlung	Luft	Luft	Luft	Luft
Leistung (PS bei U/min)	13,25/9400	15/9800	14/8500	18,5/7000
Zündung	Schwunglicht-Magnetzündung 6 V / 28 W	Schwunglicht-Magnetzündung 6 V / 28 W	Thyristor, kontaktlos, 6 V / 50 W	Thyristor, kontaktlos, 6 V / 70 W
Kraftübertragung				
Anz. Gänge	5	5	6	5
Kupplung	Mehrscheiben-Kupplung im Ölbad	Mehrscheiben-Kupplung im Ölbad	Mehrscheiben-Kupplung im Ölbad	Mehrscheiben-Kupplung im Ölbad
Hinterradantrieb	Kette	Kette	Kette	Kette
Starter	Kick	Kick	Kick	Kick
Fahrwerk				
Rahmen	Rohrrahmen, zweidimensional	Rohrrahmen, zweidimensional	Doppelschleifen-Rohrrahmen	Doppelschleifen-Rohrrahmen

Weiter auf nächster Seite >

Vorderradfederung	hydr. ged. Telegabel	hydr. ged. Telegabel	hydr. ged. Telegabel	hydr. ged. Telegabel
Hinterradfederung	Schwinge mit hydr. ged. Federbeinen	Schwinge mit hydr. ged. Federbeinen	Schwinge mit hydr. ged. Federbeinen	Schwinge mit hydr. ged. Federbeinen
Vorderradbremse	Trommel 135 mm	Trommel 135 mm	Scheibe 260 mm	Scheibe 260 mm
Hinterradbremse	Trommel 135 mm	Trommel 135 mm	Trommel 136 mm	Trommel 160 mm
Vorderradreifen	2.50-19	2.50-18	2.75-18	2.75-18
Hinterradreifen	3.50-18	2.75-18	3.00-18	3.00-18
Allgemeine Daten				
Leergewicht (kg)	99	100	107	121
Tankinhalt (l)	10	10	12	12
Höchstgeschw. (km/h)	einsatzabhängig	einsatzabhängig	125	135

Jahr	1973–1983	1974–1982	1978–1982
Modell	Morini 3 1/2 GT	Morini 3 1/2 Sport	Morini 500 V
Motor			
Hubraum (cm³)	344	344	489
Zylinder	2	2	2
Bohrung x Hub (mm)	62 x 57	62 x 57	69 x 64
Arbeitsweise	Viertakt	Viertakt	Viertakt
Steuerung	ohv	ohv	ohv
Gemischaufbereitung	2 x Dellorto Ø 25	2 x Dellorto Ø 25	2 x Dellorto Ø 28
Ventile/Zylinder	2	2	2
Verdichtung	10:1	11:1	10:1
Kühlung	Luft	Luft	Luft
Leistung (PS bei U/min)	35/8200	39/8500	43/7500
Zündung	Thyristor, kontaktlos, 12 V / 100 W	Thyristor, kontaktlos, 12 V / 100 W	Thyristor, kontaktlos, 12 V / 120 W
Kraftübertragung			
Anz. Gänge	6	6	6
Kupplung	Mehrscheiben-Trockenkupplung	Mehrscheiben-Trockenkupplung	Mehrscheiben-Kupplung im Ölbad
Hinterradantrieb	Kette	Kette	Kette
Starter	Kick	Kick	Kick
Fahrwerk			
Rahmen	Doppelschleifen-Rohrrahmen	Doppelschleifen-Rohrrahmen	Doppelschleifen-Rohrrahmen
Vorderradfederung	hydr. ged. Telegabel	hydr. ged. Telegabel	hydr. ged. Telegabel
Hinterradfederung	Schwinge mit hydr. ged. Federbeinen	Schwinge mit hydr. ged. Federbeinen	Schwinge mit hydr. ged. Federbeinen
Vorderradbremse	Scheibe 260 mm	Scheibe 260 mm	Scheibe 260 mm
Hinterradbremse	Trommel 180 mm	Trommel 180 mm	Trommel 180 mm
Vorderradreifen	3.25-18	3.25-18	3.50 S 18
Hinterradreifen	4.10-18	4.10-18	4.50 S 18
Allgemeine Daten			
Leergewicht (kg)	144	143	160
Tankinhalt (l)	14	15	15
Höchstgeschw. (km/h)	165	175	185
Stückzahl	14.000	7.700	3.000

Kapitel 22
Motobi

> Motobi hatte einst den legendären, liegenden Einzylinder-Viertaktmotor entwickelt, der dann mit 124 oder 245 cm³ 1971 in den Sport-Spezial-Modellen von Benelli oder Motobi werkelte. 10 und 16 PS standen für die beiden Maschinen zu Buche.

1950 begann Giuseppe Benelli, einer der sechs Benelli-Brüder, der sich im Streit vom Stammhaus getrennt hatte, unter der Marke »Moto B«, später Motobi, eine eigene Motorradproduktion in Pesaro aufzuziehen. Bis 1962 fertigte Motobi Zweitaktmotorräder mit einem oder zwei Zylindern sowie Einzylinder-Viertakter. Nach dem Tod Giuseppe Benellis im Jahre 1957 übernahmen seine Söhne Luigi und Marco die Firma und führten sie bis 1960 in den Ruin. Das Stammhaus Benelli übernahm den angeschlagenen Betrieb wieder und ließ die Marke bestehen, was dazu führte, dass ab etwa 1966 das Modellprogramm beider Firmen identisch war. Bis 1972 jedenfalls, denn nach dem Einstieg von De Tomaso bei Benelli verschwand die Marke Motobi vorerst. Zu Beginn der 80er Jahre tauchte sie dann als Moto-Bi wieder auf.
Da die Maschinen (bis 1972) schon im Kapitel »Benelli« vorgestellt wurden, wird an dieser Stelle auf den Modellüberblick verzichtet.

> Als Abwandlung der Sport Spezial 250 stellte Motobi 1971 noch die ausschließlich für den US-Markt entwickelte »Sport Scrambler« vor. Ob überhaupt und in welchen Stückzahlen die Maschine gebaut wurde, ist nicht bekannt.

> Auch die schon im Benelli-Kapitel vorgestellte Tornado 650 mit Zweizylinder-Viertaktmotor gab es in der Motobi-Version. Die 50 PS starke Maschine hatte lediglich eine andere Lackierung erhalten. Die Weiterentwicklungen zur Tornado S und S2 erlebte die Marke Motobi freilich nicht mehr.

Kapitel 23
Moto Guzzi

Die Ursprünge von Moto Guzzi gehen auf drei motorradbegeisterte junge Männer zurück, die sich im Ersten Weltkrieg in der italienischen Luftwaffe kennenlernten: Carlo Guzzi, Giorgio Parodi und Giovanni Ravelli. Letzterer war Pilot und nach dessen Tod 1918 wandten sich Guzzi und Parodi der Konstruktion eines Motorrades zu, das als Markenzeichen ein Adler schmücken sollte – im Gedenken an den gefallenen Freund. Der erste Prototyp mit 500-cm³-Motor war 1919 fertig und wurde im Keller von Guzzis Haus zusammengebaut.

Für die Benennung ihrer Firma einigte man sich auf »Moto Guzzi«. 1921 begann die Serienfertigung mit 17 Angestellten auf einer Fläche von 300 m². Die Firma expandierte ständig und wurde in den 1930er Jahren zu einem der wichtigsten Motorradhersteller weltweit, nicht zuletzt dank großer Erfolge im Rennsport.

In der Nachkriegszeit wuchs das Werk weiter und in den 50er Jahren war Moto Guzzi mit Straßenrenn- und Geländesportmaschinen in allen Klassen vertreten und erfolgreich.

Giorgio Parodi erlag 1955 einem Herzanfall, Carlo Guzzi zog sich 1958 aus dem Geschäftsleben zurück und starb 1964. In den 60er Jahren kam Moto Guzzi, wie so viele andere Hersteller auch, in eine schwere Krise. Als Hauptlieferant für Behörden und das Militär hatte der Staat ein Interesse am Weiterleben der Firma und übernahm sie kurzerhand 1969. Drei Jahre später wurde Moto Guzzi dann dem De Tomaso-Konzern angegliedert. Da war die Marke mit den V7-Derivaten schon zu alter Stärke zurückgekehrt, die den Auftakt zu einer großen Modellfamilie bildeten – alle mit quer verbautem V2-Motor versehen. Im stärksten Jahr 1971 wurden 70.000 Motorräder von 1200 Mitarbeitern in einem 42.000 m² großen Werk hergestellt. Mitte der 70er Jahre ging der Absatz wieder zurück, gegen die starken Japaner war auch für Guzzi kaum ein Kraut gewachsen. In den 80er und 90er Jahren verschwand die Marke mit dem Adler allmählich von der Bildfläche und geriet 2000 in den Besitz der Aprilia-Gruppe, die dann ihrerseits 2004 von Piaggio übernommen wurde.

Die Guzzi-Einzylinder-Viertakt-Modelle im Überblick

Stornello 125	**1970–1975**	
1-Zyl.-4-Takt ohv	123 cm³	12 PS / 7400 U/min
Stornello Regolarità 125	**1970–1975**	
1-Zyl.-4-Takt ohv	123 cm³	13,4 PS / 7400 U/min
Stornello 160	**1970–1975**	
1-Zyl.-4-Takt ohv	153 cm³	13 PS / 7400 U/min
Nuovo Falcone	**1971–1976**	**13.400 Stück (mit Sahara)**
1-Zyl.-4-Takt ohv	498 cm³	26 PS / 4800 U/min
Nuovo Falcone Sahara	**1971–1976**	**13.400 Stück (mit Nuovo Falcone)**
1-Zyl.-4-Takt ohv	498 cm³	25 PS / 4800 U/min
Nuovo Falcone civile (Sport)	**1971–1974**	**2.874 Stück**
1-Zyl.-4-Takt ohv	498 cm³	32 PS / 4800 U/min

> Die ersten Modelle der Stornello-Typenreihe mit dem 123 cm³ großen Einzylinder-Viertaktmotor hatte es bereits 1960 gegeben. Immer wieder an aktuelle Designvorgaben angepasst und in der Motorleistung gesteigert, wurde die letzte Serie von 1970 bis 1975 gebaut.

> Während es in den 60er Jahren ausschließlich 125er Stornello-Modelle gab, fertigte Moto Guzzi ab 1970 noch eine Version mit 153 cm³ Hubraum als Stornello 160. Die zwei Ventile des Einzylinder-Viertakters wurden über Stoßstangen und Kipphebel betätigt, die klassische ohv-Steuerung also.

> Seit 1965 gab es auch eine Enduro- oder Scrambler-Version der 125er Stornello, die die Italiener selbstverständlich Regolarità nannten. Im Bild die auf dem Mailänder Salon vorgestellte Moto Guzzi Stornello Regolarità für das Modelljahr 1970.

> Von 1950 bis 1967 war die Falcone mit dem markanten, liegenden Einzylinder-Viertakter ein beliebtes Behörden-Motorrad in Italien. Nach dem Produktionsende war eine Lücke entstanden und 1969 regten vor allem Militär und Polizei eine Neuauflage an, die es dann ab 1971 mit der Nuovo Falcone auch gab. (Foto: Bello Moto)

> Die Moto Guzzi Stornello 160 des Modelljahres 1974. Wenngleich die aus der DDR kommende MZ ES 150 das meistverkaufte Motorrad Europas war, blieben italienische Modelle in dieser Hubraumklasse eher dem heimischen Markt vorbehalten.

> Über 13 000 neue Falcone baute Moto Guzzi noch einmal zwischen 1971 und 1976. Die allermeisten davon gingen an militärische Einrichtungen und die Polizei – den eigentlichen Initiatoren dieser Neuauflage.

> Für die neue Falcone war auch schon 1969 ein ziviles, sportliches Modell vorgesehen und das gesamte Fahrwerk entsprechend konzipiert worden. Allen Nuovo Falcones war ein kurzhubiger (Bohrung/Hub 88/82 mm) Einzylinder-Viertaktmotor mit liegendem Leichtmetall-Zylinder und Guss-Laufbuchse gemein.

> Die Nuovo Falcone Sahara war eine vom Behörden-Modell abgewandelte Spezialversion für Individualisten, die ein einfaches, aber komfortables Reisemotorrad suchten. Ab 1974 wurde diese Maschine auch in verschiedene Länder exportiert.

> Die letzte Version der Moto Guzzi Nuovo Falcone civile, die in einigen Exportländern auch als »Sport« geführt wurde, von 1974. Aus Mangel an Erfolg endete im gleichen Jahr die Fertigung zugunsten modernerer Mittelklassemaschinen.

Die Guzzi-Zweitakt-Modelle im Überblick

250 2T (TS)	1973–1975	
2-Zyl.-2-Takt	231 cm³	30 PS / 8000 U/min
250 TS	**1976–1979**	
2-Zyl.-2-Takt	231 cm³	25 PS / 7600 U/min
125 Tuttoterreno	**1974–1978**	
1-Zyl.-2-Takt	121 cm³	15,4 PS / 7800 U/min
125 Turismo	**1974–1978**	
1-Zyl.-2-Takt	121 cm³	15,4 PS / 7800 U/min

> Als Benelli 250-2 C entwickelt und auf den Markt gebracht, im De Tomaso-Konzern aber bei Moto Guzzi gefertigt, lag es auf der Hand, der japanischen Zweizylinder-Zweitaktkonkurrenz das gleiche Modell auch als Moto Guzzi entgegenzusetzen. Ursprünglich sollte die Typenbezeichnung 250 2T sein, wurde dann aber in 250 TS umbenannt.

> In der Weiterentwicklung erhielt die Moto Guzzi 250 TS ab 1976 unter anderem eine Scheibenbremse für das Vorderrad, eine elektronische Zündung und auf verschiedenen Märkten noch ein FD in der Typenbezeichnung.

> Moto Guzzi 125 Turismo hieß zwangsläufig die Straßenversion des 120er Einzylinders. Für 1980 wurden die kleinen Zweitakter wieder durch 125er Viertaktmodelle abgelöst.

> Auch das hatte man schon bei Benelli gesehen: Durch die Halbierung des Zweizylinder-Zweitaktmotors der TS 250 entstanden zwei 120-cm³-Maschinen für Gelände und Straße. Im Bild die Moto Guzzi 125 Tuttoterreno – eine 125er Zweitakt-Enduro war ab Mitte der 70er Jahre offensichtlich für jeden italienischen Hersteller Pflicht.

> Lino Tonti übernahm als Konstrukteur 1967 das V7-Projekt seines Vorgängers Giulio Cesare Carcano und festigte mit der Weiterentwicklung der 90°-V-Motoren die Position von Moto Guzzi auf dem Weltmarkt. Die V 7 750 Special war dabei eine im Hubvolumen vergrößerte V 7 mit ein wenig modernisiertem Design. (Foto: Serge PIOTIN aka Sergio)

> Die Moto Guzzi 750 V 7 Sport war ein Meilenstein der Motorradgeschichte. Die Zeit der sportlichen Superbikes brach an und die Firma aus Mandello war mit dieser zunächst 62 PS leistenden Maschine sofort dabei. Die in Rot lackierten Rahmen blieben wenigen Originalen der ersten Bauserie 1971 vorbehalten. (Foto: Serge PIOTIN aka Sergio)

Die Guzzi-V2-Modelle bis 1974 im Überblick

V 7 750 Special	**1969–1972**	**11.806 Stück**
2-Zyl.-4-Takt ohv	758 cm³	50 PS / 6500 U/min
V 7 Sport 750	**1971–1974**	**3.691 Stück**
2-Zyl.-4-Takt ohv	748 cm³	62 PS / 7250 U/min
V 7 California	**1971**	**500 Stück**
2-Zyl.-4-Takt ohv	758 cm³	50 PS / 6500 U/min
V 850 GT	**1972–1974**	**9.650 Stück**
2-Zyl.-4-Takt ohv	844 cm³	64 PS / 6500 U/min
V 850 California	**1972–1974**	**2.100 Stück**
2-Zyl.-4-Takt ohv	844 cm³	64 PS / 6500 U/min
V 850 Eldorado	**1972–1974**	**k. A.**
2-Zyl.-4-Takt ohv	844 cm³	64 PS / 6500 U/min

> Mit dem Modelljahr 1972 und der zweiten Bauserie wurden die Rahmen der Moto Guzzi 750 V 7 Sport schwarz. Mit rot lackierten Anbauteilen und viel Chrom ergab das ein insgesamt hochwertiges Design. Die souveräne Straßenlage der 750er war den japanischen Vierzylinder-Modellen haushoch überlegen.

> Mit der Vergrößerung des Hubraums auf 844 cm³ wollte Moto Guzzi den Charakter seiner V-Modelle weiter stärken und mit der Bezeichnung 850 GT für Grande Turismo auf die Reisetauglichkeit hinweisen, ohne Sport und Spaß ganz zu vergessen. Dafür hatte die 850er jetzt auch ein Fünfganggetriebe erhalten.

> 1971 wurde die erste California noch mit dem 750er Motor in Mailand vorgestellt. Vorbild für diese Maschine war das Polizeimotorrad, das von Moto Guzzi für das Los Angeles Police Department gebaut wurde. Die zivile Version dieses Motorrads bekam ab 1972 den 850er Motor mit Fünfganggetriebe und statt des Einzelsattels ein bequemes Sitzmöbel für zwei Personen.

> Eine Mischung aus 850 GT und California ergab das Sondermodell Moto Guzzi Eldorado. Natürlich waren auch hier die amerikanischen Big Bikes Vorbild und diese Maschinen ganz speziell für den US-Markt bestimmt. (Foto: Mr. Chopper CC BY-SA 3.0)

> In der Weiterführung der 750er Baureihe erhielt die nun Moto Guzzi 750 S getaufte Maschine 1974 zwei 300er Scheibenbremsen am Vorderrad und eine von schwarzen Tönen dominierte Lackierung. Selbst die Endschalldämpfer waren in Schwarz gehalten. (Foto: Bob Adams CC BY-SA 2.0)

Die Guzzi-V2-Modelle bis 1979 im Überblick

750 S	**1974–1975**	**1.300 Stück**
2-Zyl.-4-Takt ohv	748 cm^3	62 PS / 6900 U/min
750 S3	**1975–1976**	**951 Stück**
2-Zyl.-4-Takt ohv	748 cm^3	62 PS / 6900 U/min
850 T	**1974–1975**	**2.682 Stück**
2-Zyl.-4-Takt ohv	844 cm^3	57 PS / 6500 U/min
850 T3	**1975–1982**	**ca. 5.000 Stück**
2-Zyl.-4-Takt ohv	844 cm^3	59 PS / 6800 U/min
850 T3 California	**1975–1982**	**650 Stück (1975)**
2-Zyl.-4-Takt ohv	844 cm^3	59 PS / 6800 U/min
850 Le Mans	**1976–1978**	**6.201 Stück**
2-Zyl.-4-Takt ohv	844 cm^3	71 PS / 7300 U/min
850 Le Mans II	**1978–1981**	**7.477 Stück**
2-Zyl.-4-Takt ohv	844 cm^3	73 PS / 7700 U/min
V 1000 I Convert	**1975–1984**	**5.452 Stück (mit G5)**
2-Zyl.-4-Takt ohv	949 cm^3	61 PS / 6500 U/min
V 1000 G 5	**1978–1983**	**5.452 Stück (mit Convert)**
2-Zyl.-4-Takt ohv	949 cm^3	61 PS / 6500 U/min
V 1000 SP	**1978–1980**	**k. A.**
2-Zyl.-4-Takt ohv	949 cm^3	61 PS / 6500 U/min
V 35	**1977–1979**	**k. A.**
2-Zyl.-4-Takt ohv	346 cm^3	33 PS / 8100 U/min
V 50	**1977–1979**	**k. A.**
2-Zyl.-4-Takt ohv	490 cm^3	45 PS / 7500 U/min

> Die Endstation für die V-750-Baureihe von Moto Guzzi war die 750 S3, die 1975/76 noch mit einer Scheibenbremse am Hinterrad ausgerüstet wurde und bei der die ganze Bremsanlage nun in ein Integral-System eingebunden war. Die Leistungsdaten blieben unverändert, die Verkaufszahlen gingen hingegen mit nur noch 451 Stück im Jahre 1976 deutlich zurück.

> 1974 erhielten auch die 850er Tourenmodelle von Moto Guzzi eine hydraulische Scheibenbremse für das Vorderrad – serienmäßig mit einer Scheibe, optional konnte bald eine zweite Scheibe nachgerüstet werden. Die neue 850 T steckte im Fahrwerk der 750 S und begründete für die Firma aus Mandello del Lario eine neue Ära im Bereich sportlicher Tourenmaschinen. (Foto: Gregor Ter Heide)

> Ab März 1975 baute Moto Guzzi die 850 T3, jetzt auch mit drei Bremsscheiben, auf die integral eingegriffen wurde. Dabei bediente das Fußpedal die hintere und die linke vordere Bremsscheibe, die rechte Scheibe wurde per Handhebel aktiviert. Im Übrigen unterschied sich die T3 nur in wenigen Details vom Vorgängermodell. (Foto: Ken Aldham)

> 1977 erschien die 850 T3 überarbeitet, unter anderem mit Leichtmetall-Gussrädern, neuer Sitzbank, neuem Rücklicht und neugestalteter Auspuffanlage. (Foto: Lankyrider)

> Serienmäßig unter anderem mit Windschutzscheibe, Westernlenker, Knieschützern auf den Zylinderköpfen, zweifarbiger Doppelsitzbank mit verchromtem Haltegriff, verchromten Sturzbügeln vorn und hinten, abschließbarem Fiberglaskoffer und Trittbrettern für den Fahrer erschien die Moto Guzzi 850 T3 California parallel zur normalen Tourenmaschine und entwickelte sich sofort zum Bestseller, von dem es ab 1976 mit dem Modell »California Rally« noch eine Sparversion gab.

> Wenn man wie Moto Guzzi ein Motorrad »850 Le Mans« nennt, dann weiß jeder, hier muss es sich um ein sportliches Modell handeln. Tatsächlich folgte diese Maschine 1976 der 750 S3 und steckte im Wesentlichen auch in deren Fahrwerk. Dazu der leistungsmäßig getunte Motor der 850 T3 und ein sportliches Design – fertig war ein neuer Star aus Mandello. Im Bild die im Nachhinein 850 Le Mans I getaufte Maschine von 1977, schon mit der langen Sitzbank der zweiten Bauserie.

> Mit dem auf knapp 949 cm³ aufgebohrten 850er V2-Motor, vielen Ausstattungsdetails der 850 T3 California und – angeblich auf Wunsch der amerikanischen Polizei – einem automatischen Getriebe, erschien im Frühjahr 1975 die Moto Guzzi V 1000 I Convert. Automatik stimmte allerdings nicht ganz, denn der sogenannte Flüssigkeitswandler vom deutschen Spezialisten Fichtel & Sachs brauchte dennoch zwei Gänge, die mittels Fußschaltwippe betätigt wurden. (Foto: Phil Aynsley – Motorcycle News)

> Die ab 1978 gebaute Moto Guzzi 850 Le Mans II, mit leicht gesteigerten Leistungsdaten und geringen Änderungen an Fahrwerk und Design. Hervorstechend hier die Verkleidung mit den herausragenden Zylindern und die schwarzen Tauchrohre der Telegabel.

> Kaum jemand wollte die Automatik-Guzzi haben – auch die amerikanische Polizei nicht. Das änderte sich deutlich, als die Ingenieure in Mandello del Lario der ansonsten unveränderten Maschine das Fünfganggetriebe der 850 T 3 verpassten. Als Moto Guzzi V 1000 G 5 blieb die Maschine bis 1983 im Programm. (Foto: SG 2012 CC BY-SA 2.0)

> Bei der Moto Guzzi 1000 SP standen die Buchstaben für das italienische Wort Spada, was Schwert oder Degen bedeutet und damit umschreibt, wie die vollverkleidete Tourenmaschine mit der im Windkanal entwickelten Verkleidung den Luftwiderstand durchschneidet. Vollverkleidung hieß bei Guzzi allerdings immer, dass die Zylinder zwecks Kühlung ausgeschnitten blieben. Die Maschine war als Antwort auf die BMW R 100 RS zu verstehen und hochwertig ausgestattet. (Foto: Sammlung Kuch)

> Zur Abrundung der Moto Guzzi-Modellpalette nach unten kamen 1977, nach zwei Jahren Entwicklungszeit, die Mittelklassemodelle V 35 und V 50 auf den Markt. Die V-Motoren waren nahezu komplett neu konstruiert worden, was unter anderem bewirkte, dass die Zylinder nun nicht mehr über die Tankbreite hinausragten. Ein interessantes Detail war die Lagerung der Leichtmetall-Schwinge am Getriebegehäuse.

> Auf Grund der hohen Auslastung des Werkes in Mandello wurden die kleinen V-Modelle ab 1979 in Mailand im ehemaligen Lambretta-Werk gefertigt. Das war auch nötig, denn die Nachfrage nach den leichten und wendigen Motorrädern, die so manchen Vergleichstest mit japanischer und inländischer Konkurrenz gewannen, stieg Jahr um Jahr.

Die Guzzi-Vierzylinder-Modelle im Überblick

350 GTS	**1974–1977**	**k. A.**
4-Zyl.-4-Takt ohc	345,5 cm³	38 PS / 9500 U/min
400 GTS	**1975–1977**	**k. A.**
4-Zyl.-4-Takt ohc	397 cm³	40 PS / 9500 U/min
254	**1976–1978**	**ca. 1000 Stück**
4-Zyl.-4-Takt ohc	231 cm³	27 PS / 10500 U/min

> In der Moto Guzzi 254 werkelte 1976 der kleinste serienmäßige Vierzylindermotor der Welt – der freilich auch im Benelli-Parallel-Modell seinen Dienst tat. Das gewöhnungsbedürftige Design mit viel verbautem Plastik war nicht jedermanns Sache und so blieb die Maschine ein Ladenhüter.

> Mit der gleichen Kurbelwelle und den 50,6 mm Hub des Benelli-Quattro-Motors, dazu den 50 mm Bohrung des 350 GTS-Triebwerks, erreichte der Hubraum nun 397,2 cm³ und fertig war 1975 die Moto Guzzi GTS 400, ein Motorrad, das die Japaner nicht besser machen konnten. Im Gegenteil: In Sachen Fahrwerk und Handling machte den Italienern noch keiner etwas vor. Und beim Design sowieso nicht.

> Bevor Moto Guzzi mit den kleinen V-Modellen in die Viertakt-Mittelklasse einstieg, bediente man sich einer Benelli-Entwicklung. Genauer gesagt: Man nehme die Benelli 500 Quattro, verändere etwas den Kurbeltrieb und das Hubvolumen des Vierzylindermotors, nehme dazu den Tank und weitere Anbauteile der 250er TS und fast fertig war die neue Guzzi 350 GTS.

Jahr	1970–1975	1970–1975	1970–1975	1971–1976	1971–1976	1971–1974
Modell	Stornello 125	Stornello Regolaritá 125	Stornello 160	Nuovo Falcone	Nuovo Falcone Sahara	Nuovo Falcone civile (Sport)
Motor						
Hubraum (cm³)	123	123	153	498	498	498
Zylinder	1	1	1	1	1	1
Bohrung x Hub (mm)	52 x 58	52 x 58	58 x 58	88 x 82	88 x 82	88 x 82
Arbeitsweise	Viertakt	Viertakt	Viertakt	Viertakt	Viertakt	Viertakt
Steuerung	ohv	ohv	ohv	ohv	ohv	ohv
Gemischaufbereitung	Dellorto Ø 22	Dellorto Ø 22	Dellorto Ø 22	Dellorto Ø 29	Dellorto	Dellorto Ø 29
Ventile/Zylinder	2	2	2	2	2	2
Verdichtung	9,8:1	9,8:1	9,5:1	7:1	k. A.	7:1
Kühlung	Luft	Luft	Luft	Luft	Luft	Luft
Leistung (PS bei U/min)	12/7400	13,6/8400	13/7400	26/4800	25/4800	32/4800
Zündung	Schwunglicht-Magnet 6 V / 30 W	Schwunglicht-Magnet 6 V / 30 W	Schwunglicht-Magnet 6 V / 30 W	Batterie 12 V	Batterie 12 V	Batterie 12 V
Kraftübertragung						
Anz. Gänge	5	5	5	4	4	4
Kupplung	Mehrscheiben-Kupplung im Ölbad	Mehrscheiben-Kupplung im Ölbad	Mehrscheiben-Kupplung im Ölbad	Mehrscheiben-Kupplung im Ölbad	Mehrscheiben-Kupplung im Ölbad	Mehrscheiben-Kupplung im Ölbad
Hinterradantrieb	Kette	Kette	Kette	Kette	Kette	Kette
Starter	Kick	Kick	Kick	Elektro	Elektro	Elektro
Fahrwerk						

Rahmen	Doppelrohrrahmen, unten offen	Doppelrohrrahmen, unten offen	Doppelrohrrahmen, unten offen	Doppelschleifen-Rohrrahmen	Doppelschleifen-Rohrrahmen	Doppelschleifen-Rohrrahmen
Vorderradfederung	hydr. ged. Telegabel	hydr. ged. Telegabel	hydr. ged. Telegabel	hydr. ged. Telegabel	hydr. ged. Telegabel	hydr. ged. Telegabel
Hinterradfederung	Schwinge mit hydr. ged. Federbeinen	Schwinge mit hydr. ged. Federbeinen	Schwinge mit hydr. ged. Federbeinen	Schwinge mit hydr. ged. Federbeinen	Schwinge mit hydr. ged. Federbeinen	Schwinge mit hydr. ged. Federbeinen
Vorderradbremse	Trommel 157 mm	Trommel 157 mm	Trommel 157 mm	Trommel 200 mm	Trommel 200 mm	Trommel 200 mm
Hinterradbremse	Trommel 135 mm	Trommel 135 mm	Trommel 135 mm	Trommel 200 mm	Trommel 200 mm	Trommel 200 mm
Vorderradreifen	2.50-17	2.75-19	2.50-17	3.50-18	3.50-18	3.50-18
Hinterradreifen	3.00-17	3.00-17	3.00-17	3.50-18	3.50-18	3.50-18
Allgemeine Daten						
Leergewicht (kg)	113	117	113	214	219	214
Tankinhalt (l)	13,5	13,5	13,5	18	19	18
Höchstgeschw. (km/h)	120	100	125	145	123	145
Stückzahl	k. A.	k. A.	k. A.	13.400 (mit Sahara)	13.400 (mit Nuovo Falcone)	2.874

Jahr	1973–1975	1976–1979	1974–1978	1974–1978
Modell	250 2T (TS)	250 TS	125 Tuttoterreno	125 Turismo
Motor				
Hubraum (cm³)	231	231	121	121
Zylinder	2	2	1	1
Bohrung x Hub (mm)	56 x 47	56 x 47	56 x 49	56 x 49
Arbeitsweise	Zweitakt	Zweitakt	Zweitakt	Zweitakt
Steuerung	Schlitz	Schlitz	Schlitz	Schlitz
Gemischaufbereitung	2 x Dellorto Ø 25	2 x Dellorto Ø 25	Dellorto Ø 22	Dellorto Ø 22
Ventile/Zylinder	0	0	0	0
Verdichtung	10:1	9,75:1	9,9:1	9,9:1
Kühlung	Luft	Luft	Luft	Luft
Leistung (PS bei U/min)	30/8000	25/7600	15,4/7800	15,4/7800
Zündung	Schwunglicht-Magnet	Thyristor, kontaktlos, 6 V / 50 W	Thyristor, kontaktlos, 6 V / 35 W	Thyristor, kontaktlos, 6 V / 35 W
Kraftübertragung				
Anz. Gänge	5	5	5	5
Kupplung	Mehrscheiben-Kupplung im Ölbad	Mehrscheiben-Kupplung im Ölbad	Mehrscheiben-Kupplung im Ölbad	Mehrscheiben-Kupplung im Ölbad
Hinterradantrieb	Kette	Kette	Kette	Kette
Starter	Kick	Kick	Kick	Kick
Fahrwerk				
Rahmen	Doppelschleifen-Rohrrahmen	Doppelschleifen-Rohrrahmen	Doppelschleifen-Rohrrahmen	Doppelschleifen-Rohrrahmen
Vorderradfederung	hydr. ged. Telegabel	hydr. ged. Telegabel	hydr. ged. Telegabel	hydr. ged. Telegabel
Hinterradfederung	Schwinge mit hydr. ged. Federbeinen	Schwinge mit hydr. ged. Federbeinen	Schwinge mit hydr. ged. Federbeinen	Schwinge mit hydr. ged. Federbeinen
Vorderradbremse	Trommel 180 mm	Scheibe 260 mm	Trommel 135 mm	Scheibe 220 mm
Hinterradbremse	Trommel 160 mm	Trommel 158 mm	Trommel 135 mm	Trommel 124 mm
Vorderradreifen	3.00-18	3.00-18	2.50-21	2.50-18
Hinterradreifen	3.25-18	3.25-18	3.50-18	2.75-18
Allgemeine Daten				
Leergewicht (kg)	129	139	98	80
Tankinhalt (l)	13,5	17	8,5	9,5
Höchstgeschw. (km/h)	155	135	100	105
Stückzahl	k. A.	k. A.	k. A.	k. A.

Jahr	1969–1972	1971–1974	1971	1972–1974	1972–1974	1972–1974
Modell	V 7 750 Special	V 7 Sport 750	V 7 California	V 850 GT	V 850 California	V 850 Eldorado
Motor						
Hubraum (cm³)	748	748	748	844	844	844
Zylinder	2	2	2	2	2	2
Bohrung x Hub (mm)	83 x 70	83 x 70	83 x 70	83 x 78	83 x 78	83 x 78
Arbeitsweise	Viertakt	Viertakt	Viertakt	Viertakt	Viertakt	Viertakt
Steuerung	ohv	ohv	ohv	ohv	ohv	ohv
Gemischaufbereitung	2 x Dellorto Ø 29	2 x Dellorto Ø 30	2 x Dellorto Ø 29	2 x Dellorto Ø 29	2 x Dellorto Ø 29	2 x Dellorto Ø 29
Ventile/Zylinder	2	2	2	2	2	2
Verdichtung	9:1	9,8:1	9:1	9,2:1	9,2:1	9,2:1
Kühlung	Luft	Luft	Luft	Luft	Luft	Luft
Leistung (PS bei U/min)	50/6500	62/7250	50/6500	56/6100	56/6100	56/6100
Batterie (V/Ah)	12/25	14/13	12/25	14/k. A.	14/k. A.	14/k. A.
Lichtmaschine (Watt)	k. A.	k. A.	k. A.	300	300	300
Kraftübertragung						
Anz. Gänge	4	5	4	5	5	5
Kupplung	Zweischeiben-Trockenkupplung	Zweischeiben-Trockenkupplung	Zweischeiben-Trockenkupplung	Zweischeiben-Trockenkupplung	Zweischeiben-Trockenkupplung	Zweischeiben-Trockenkupplung
Hinterradantrieb	Kardanwelle	Kardanwelle	Kardanwelle	Kardanwelle	Kardanwelle	Kardanwelle
Starter	Elektro	Elektro	Elektro	Elektro	Elektro	Elektro
Fahrwerk						
Rahmen	Doppelschleifen-Rohrrahmen	Doppelschleifen-Rohrrahmen	Doppelschleifen-Rohrrahmen	Doppelschleifen-Rohrrahmen	Doppelschleifen-Rohrrahmen	Doppelschleifen-Rohrrahmen
Vorderradfederung	hydr. ged. Telegabel	hydr. ged. Telegabel	hydr. ged. Telegabel	hydr. ged. Telegabel	hydr. ged. Telegabel	hydr. ged. Telegabel
Hinterradfederung	Schwinge mit hydr. ged. Federbeinen	Schwinge mit hydr. ged. Federbeinen	Schwinge mit hydr. ged. Federbeinen	Schwinge mit hydr. ged. Federbeinen	Schwinge mit hydr. ged. Federbeinen	Schwinge mit hydr. ged. Federbeinen
Vorderradbremse	Trommel 220 mm	Trommel 220 mm	Trommel 220 mm	Trommel 220 mm	Trommel 220 mm	Trommel 220 mm
Hinterradbremse	Trommel 220 mm	Trommel 220 mm	Trommel 220 mm	Trommel 220 mm	Trommel 220 mm	Trommel 220 mm
Vorderradreifen	4.00-18	3.25-18	4.00-18	4.00-18	4.00-18	4.00-18
Hinterradreifen	4.00-18	3.50-18	4.00-18	4.00-18	4.00-18	4.00-18
Allgemeine Daten						
Leergewicht (kg)	228	210	k. A.	230	240	240
Tankinhalt (l)	22,5	19	22,5	22,5	22,5	22,5
Höchstgeschw. (km/h)	185	205	k. A.	193	185	185
Stückzahl	11.806	3.691	500	9.650	2.100	k. A.

Jahr	1974–1975	1975–1976	1974–1975	1975–1982	1975–1982	1976–1978
Modell	750 S	750 S3	850 T	850 T3	850 T3 California	850 Le Mans
Motor						
Hubraum (cm³)	748	748	844	844	844	844
Zylinder	2	2	2	2	2	2
Bohrung x Hub (mm)	83 x 70	83 x 70	83 x 78	83 x 78	83 x 78	83 x 78
Arbeitsweise	Viertakt	Viertakt	Viertakt	Viertakt	Viertakt	Viertakt
Steuerung	ohv	ohv	ohv	ohv	ohv	ohv
Gemischaufbereitung	2 x Dellorto Ø 30	2 x Dellorto Ø 30	2 x Dellorto Ø 30	2 x Dellorto Ø 30	2 x Dellorto Ø 30	2 x Dellorto Ø 36
Ventile/Zylinder	2	2	2	2	2	2
Verdichtung	9,8:1	9,8:1	9,5:1	9,2:1	9,2:1	10,2:1
Kühlung	Luft	Luft	Luft	Luft	Luft	Luft

Leistung (PS bei U/min)	62/6900	62/6900	57/6500	59/6800	59/6800	71/7300
Batterie (V/Ah)	12/13	12/13	12/13	12/k. A.	12/k. A.	12/k. A.
Lichtmaschine (Watt)	k. A.	k. A.	k. A.	280	280	280
Kraftübertragung						
Anz. Gänge	5	5	5	5	5	5
Kupplung	Zweischeiben-Trockenkupplung	Zweischeiben-Trockenkupplung	Zweischeiben-Trockenkupplung	Zweischeiben-Trockenkupplung	Zweischeiben-Trockenkupplung	Zweischeiben-Trockenkupplung
Hinterradantrieb	Kardanwelle	Kardanwelle	Kardanwelle	Kardanwelle	Kardanwelle	Kardanwelle
Starter	Elektro	Elektro	Elektro	Elektro	Elektro	Elektro
Fahrwerk						
Rahmen	Doppelschleifen-Rohrrahmen	Doppelschleifen-Rohrrahmen	Doppelschleifen-Rohrrahmen	Doppelschleifen-Rohrrahmen	Doppelschleifen-Rohrrahmen	Doppelschleifen-Rohrrahmen
Vorderradfederung	hydr. ged. Telegabel	hydr. ged. Telegabel	hydr. ged. Telegabel	hydr. ged. Telegabel	hydr. ged. Telegabel	hydr. ged. Telegabel
Hinterradfederung	Schwinge mit hydr. ged. Federbeinen	Schwinge mit hydr. ged. Federbeinen	Schwinge mit hydr. ged. Federbeinen	Schwinge mit hydr. ged. Federbeinen	Schwinge mit hydr. ged. Federbeinen	Schwinge mit hydr. ged. Federbeinen
Vorderradbremse	Doppelscheibe	Doppelscheibe 300 mm	Doppelscheibe	Doppelscheibe 300 mm	Doppelscheibe 300 mm	Doppelscheibe 300 mm
Hinterradbremse	Trommel 220 mm	Scheibe 242 mm	Trommel 220 mm	Scheibe 242 mm	Scheibe 242 mm	Scheibe 242 mm
Vorderradreifen	3.25-18	3.25-18	3.50-18	3.50 H 18	3.50 H 18	3.50 H 18
Hinterradreifen	3.50-18	3.50-18	4.10-18	4.10 H 18	4.10 H 18	4.00 H 18
Allgemeine Daten						
Leergewicht (kg)	210	206	216	240	240	233
Tankinhalt (l)	22,5	25	25	24	24	22,5
Höchstgeschw. (km/h)	205	205	195	180	180	205
Stückzahl	1.300	951	2.682	5.000	650 (1975)	6.201

Jahr	1978–1981	1975–1984	1978–1983	1978–1980	1977–1979	1977–1979
Modell	850 Le Mans II	V 1000 I Convert	V 1000 G 5	V 1000 SP	V 35	V 50
Motor						
Hubraum (cm³)	844	949	949	949	346	490
Zylinder	2	2	2	2	2	2
Bohrung x Hub (mm)	83 x 78	88 x 78	88 x 78	88 x 78	66 x 50,6	74 x 57
Arbeitsweise	Viertakt	Viertakt	Viertakt	Viertakt	Viertakt	Viertakt
Steuerung	ohv	ohv	ohv	ohv	ohv	ohv
Gemischaufbereitung	2 x Dellorto Ø 36	2 x Dellorto Ø 30	2 x Dellorto Ø 30	2 x Dellorto Ø 30	2 x Dellorto Ø 20	2 x Dellorto Ø 24
Ventile/Zylinder	2	2	2	2	2	2
Verdichtung	9,8:1	9,2:1	9,2:1	9,2:1	10:1	10,8:1
Kühlung	Luft	Luft	Luft	Luft	Luft	Luft
Leistung (PS bei U/min)	73/7700	61/6500	61/6500	61/6500	33/8100	45/7500
Batterie (V/Ah)	12/21	12/32	12/32	12/32	12/20	12/20
Lichtmaschine (Watt)	280	280	280	280	280	280
Kraftübertragung						
Anz. Gänge	5	2 / Drehmoment-Wandler	5	5	5	5
Kupplung	Zweischeiben-Trockenkupplung	Zweischeiben-Trockenkupplung	Zweischeiben-Trockenkupplung	Zweischeiben-Trockenkupplung	Einscheiben-Trockenkupplung	Einscheiben-Trockenkupplung
Hinterradantrieb	Kardanwelle	Kardanwelle	Kardanwelle	Kardanwelle	Kardanwelle	Kardanwelle
Starter	Elektro	Elektro	Elektro	Elektro	Elektro	Elektro
Fahrwerk						

Weiter auf nächster Seite >

Rahmen	Doppelschleifen-Rohrrahmen	Doppelschleifen-Rohrrahmen	Doppelschleifen-Rohrrahmen	Doppelschleifen-Rohrrahmen	Doppelschleifen-Rohrrahmen	Doppelschleifen-Rohrrahmen
Vorderradfederung	hydr. ged. Telegabel	hydr. ged. Telegabel	hydr. ged. Telegabel	hydr. ged. Telegabel	hydr. ged. Telegabel	hydr. ged. Telegabel
Hinterradfederung	Schwinge mit hydr. ged. Federbeinen	Schwinge mit hydr. ged. Federbeinen	Schwinge mit hydr. ged. Federbeinen	Schwinge mit hydr. ged. Federbeinen	Schwinge mit hydr. ged. Federbeinen	Schwinge mit hydr. ged. Federbeinen
Vorderradbremse	Doppelscheibe 300 mm	Doppelscheibe 300 mm	Doppelscheibe 300 mm	Doppelscheibe 300 mm	Doppelscheibe 260 mm	Doppelscheibe 260 mm
Hinterradbremse	Scheibe 242 mm	Scheibe 242 mm	Scheibe 242 mm	Scheibe 242 mm	Scheibe 235 mm	Scheibe 235 mm
Vorderradreifen	90/90 S 18	4.10-18	4.10 H 18	4.10 H 18	3.00-18	3.00-18
Hinterradreifen	100/90 S 18	4.10-18	4.10 H 18	4.10 H 18	3.25-18	3.50-18
Allgemeine Daten						
Leergewicht (kg)	243	273	256	255	149	152
Tankinhalt (l)	19	24	24	24	16	16
Höchstgeschw. (km/h)	201	175	185	175	140	150
Stückzahl	7.477	5.452 (mit G 5)	5.452 (mit Convert)	k. A.	k. A.	k. A.

Jahr	1974–1977	1974–1977	1976–1978
Modell	350 GTS	400 GTS	254
Motor			
Hubraum (cm^3)	345,5	397	231
Zylinder	4	4	4
Bohrung x Hub (mm)	50 x 44	50 x 50,6	44 x 38
Arbeitsweise	Viertakt	Viertakt	Viertakt
Steuerung	ohc	ohc	ohc
Gemischaufbereitung	4 x Dellorto Ø 20	4 x Dellorto Ø 20	4 x Dellorto Ø 20
Ventile/Zylinder	2	2	2
Verdichtung	10:1	10,2:1	11,5:1
Kühlung	Luft	Luft	Luft
Leistung (PS bei U/min)	38/9500	40/9500	27/10500
Batterie (V/Ah)	12/13	12/13	12/13
Lichtmaschine (Watt)	k. A.	k. A.	k. A.
Kraftübertragung			
Anz. Gänge	5	5	5
Kupplung	Mehrscheiben-Kupplung im Ölbad	Mehrscheiben-Kupplung im Ölbad	Mehrscheiben-Kupplung im Ölbad
Hinterradantrieb	Kette	Kette	Kette
Starter	Kick/Elektro	Kick/Elektro	Kick/Elektro
Fahrwerk			
Rahmen	Doppelschleifen-Rohrrahmen	Doppelschleifen-Rohrrahmen	Doppelschleifen-Rohrrahmen
Vorderradfederung	hydr. ged. Telegabel	hydr. ged. Telegabel	hydr. ged. Telegabel
Hinterradfederung	Schwinge mit hydr. ged. Federbeinen	Schwinge mit hydr. ged. Federbeinen	Schwinge mit hydr. ged. Federbeinen
Vorderradbremse	Trommel 180 mm	Scheibe 300 mm	Scheibe 250 mm
Hinterradbremse	Trommel 160 mm	Trommel 160 mm	Trommel 158 mm
Vorderradreifen	3.00-18	3.00-18	3.00-18
Hinterradreifen	3.25-18	3.50-18	3.25-18
Allgemeine Daten			
Leergewicht (kg)	168	175	117
Tankinhalt (l)	17,5	17,5	11,5
Höchstgeschw. (km/h)	165	170	135
Stückzahl	k. A.	k. A.	ca. 1000

Kapitel 24
Muller

Alles Müller oder was? Die Italiener tun sich schwer mit Umlauten, weshalb der aus Österreich stammende Konstrukteur Bruno Müller mal mit und mal ohne den Strichen über dem U in die italienische Motorradgeschichte einging. Seit 1950 baute Müller in Bologna Motorräder zusammen, wobei zunächst NSU-Motoren in eigene Rahmen gesetzt wurden.

Bald kamen Maschinen mit Motoren von Sachs, Villiers oder Alpino in verschiedenen, meist kleinen Hubraumklassen dazu. Müller baute sowohl Sport- als auch Straßenmodelle. 1953 gewann er auf einer selbst gefertigten Maschine die italienische Geländemeisterschaft. Moto-Müller-Maschinen wurden handgefertigt und in Kleinstserien gebaut. Die Motorradkrise ab Mitte der 50er Jahre zwang den Österrei-

> Bruno Müller bediente sich für seine Offroad-Maschinen bei den verschiedensten Motoren-Herstellern. Dabei konnte auch ein Zweitakter des italienischen Go-Kart-Spezialisten PCR für ein Muller-Fahrgestell passend gemacht werden.

> Für Cross- und Trialeinsätze gebaute 125er von Moto Müller um 1970 herum. Müllers Maschinen waren stets mit besten Zutaten ausgestattet und hervorragend verarbeitet. Allerdings auch entsprechend teuer.

cher zur Aufgabe, aber schon 1968 war er wieder da und begann nun in Robecco d'Oglio Offroad-Motorräder für Moto Cross und Geländesport zu fertigen, die mit Zündapp-Motoren in 50, 100 und 125 cm^3 Hubraum ausgestattet waren. Die handgefertigten Modelle waren zeitweise doppelt so teuer wie die Konkurrenz, trotzdem war Müller mit seinen qualitativ sehr hochwertigen Maschinen für seine Verhältnisse durchaus erfolgreich. Zur Mitte der 70er Jahre hin konzentrierte sich Müller auf den Bau von 125er Wettbewerbsmaschinen mit Motoren von Zündapp, Franco Morini, Minarelli, Hiro, Sachs, Montesa und Bultaco, die inzwischen aber nicht mehr mit der Konkurrenz mithalten konnten.
Bruno Müller beendete 1979 die Fertigung von Motorrädern.
Auf eine Übersicht seiner Fertigung in den 70er Jahren muss an dieser Stelle verzichtet werden, da keinerlei konkrete Zahlen ermittelt werden konnten.

> Eine Geländesport-Maschine von Müller aus dem Jahre 1973. Zündapp-Motoren verbaute der aus Österreich stammende Konstrukteur am liebsten. Wie hier das 125-GS-Triebwerk, das 18 PS leistete.

Kapitel 25
MV Agusta

Die Gründung von MV Agusta geht auf das Jahr 1907 zurück, in dem Giovanni Agusta begann, Flugzeuge zu bauen. In beiden Weltkriegen war die Firma Agusta, zwischenzeitlich nach dem Tod Giovannis 1927 von dessen Frau und dem erstgeborenen Sohn, Domenico, geleitet, ein wichtiger Rüstungsproduzent. Aber bereits seit 1943 war man so ganz nebenbei auch mit der Entwicklung eines 98-cm³-Motorrades beschäftigt, zu dessen Bau die Firma Meccanica Verghera (MV) gegründet wurde. Ende 1945 war die Maschine serienreif und kam mit der Bezeichnung »Vespa« auf den Markt, hatte aber nichts mit dem später berühmten Motorroller zu tun. In den Folgejahren wurde die Angebotspalette um Maschinen bis 250 cm³ Hubraum erweitert. Domenico Agusta, der sich Graf nennen durfte, genügte der Bau einfacher Serienmotorräder allerdings nicht, Erfolge im Rennsport mussten her. Dafür ging Agusta sprichwörtlich über Leichen, gnadenlos wurde den Rennerfolgen alles andere untergeordnet, der Bau von Serienmotorrädern inbegriffen. Doch der Erfolg sprach für sich: Mit 75 Weltmeistertiteln und 275 Grand Prix-Siegen steht MV Agusta auch heute noch an vorderster Front bei den erfolgreichsten Motorradmarken aller Zeiten.

1971 starb der Antreiber Domenico Agusta und vier Jahre später zog sich die Marke aus dem Rennsport zurück, der Rennstall wurde verkauft. In den großen Klassen kam man gegen die Übermacht der Japaner kaum mehr an. Ab 1977 zog sich die Firma in Verghera schrittweise auch von der Fertigung von Serienmotorrädern zurück, die dann 1980 endgültig endete. Die staatliche Holding EFIM, die MV inzwischen übernommen hatte, wollte lieber Hubschrauber bauen.

Die MV-Modelle mit Einzylinder-Motor im Überblick

125 GT	**1969–1973**	
1-Zyl.-4-Takt ohv	123 cm³	12 PS
125 GTLS	**1969–1973**	
1-Zyl.-4-Takt ohv	123 cm³	15 PS
150 GT	**1969–1973**	
1-Zyl.-4-Takt ohv	150 cm³	13 PS
150 RS	**1969–1973**	
1-Zyl.-4-Takt ohv	150 cm³	16 PS
125 Sport	**1975–1980**	
1-Zyl.-4-Takt ohv	123 cm³	12 PS / 8500 U/min

> Die MV Agusta 125 GT des Jahres 1971. MV legte diese Modellreihe bereits 1964 auf und überarbeitete sie 1969 gründlich, was neben dem Gesamtdesign auch an einem neuen Motorgehäuse erkennbar war. Viertaktmotoren waren bei der Firma aus Verghera obligatorisch.

> Die MV Agusta GTLS gab es sowohl als 125er, wie auch mit 150 cm³ als Modell RS. Bis auf den Hubraum waren beide Maschinen nahezu identisch. Wie schon bei vorangegangenen Markenvorstellungen gezeigt, spielten Motorräder mit 150 cm³ Hubraum in Italien durchaus eine Rolle.

> Dem um 1970 herum üblichen Design angepasst und mit einem »Büffeltank« versehen: Die MV Agusta 150 GT von 1971. Die kleinen MVs hatten zu dieser Zeit bereits alle ein Fünfganggetriebe und einen Drehzahlmesser.

> Diese Abbildung eines frühen Modells mit Fahrer macht deutlich, welch zierliche Maschine dieser 125er Sportler war. (Foto: Klaus Nahr)

> 1975 legte MV noch einmal eine neue 125er auf, die im Design der 350 Sport folgte. Es war die letzte echte Neuschöpfung von MV Agusta und wurde zuletzt aus Restteilen bis 1980 – als Nackte oder mit Vollverkleidung – gebaut. Die Maschinen hatten stets Drahtspeichenräder und nur eine Scheibe am Vorderrad. Hinten wurde bis zuletzt mit einer Trommel gebremst.

Die MV-Modelle mit Zweizylinder-Motor im Überblick

250 Tourismo	**1967–1971**	
2-Zyl.-4-Takt ohv	247 cm³	19 PS / 7500 U/min
250 Scrambler	**1967–1971**	
2-Zyl.-4-Takt ohv	247 cm³	23 PS / 7800 U/min
350 S	**1970–1972**	
2-Zyl.-4-Takt ohv	349 cm³	32 PS / 7600 U/min
350 GT	**1971–1972**	
2-Zyl.-4-Takt ohv	349 cm³	32 PS / 7600 U/min
350 Scrambler	**1971–1972**	
2-Zyl.-4-Takt ohv	349 cm³	32 PS / 7600 U/min
350 S EL	**1972–1974**	
2-Zyl.-4-Takt ohv	349 cm³	32 PS / 7650 U/min
350 Scrambler EL	**1972–1974**	
2-Zyl.-4-Takt ohv	349 cm³	32 PS / 7650 U/min
350 GT EL	**1972–1974**	
2-Zyl.-4-Takt ohv	349 cm³	32 PS / 7650 U/min
350 S »Ipotesi«	**1975–1980**	
2-Zyl.-4-Takt ohv	349 cm³	35 PS / 8800 U/min
500 S«	**1977–1979**	
2-Zyl.-4-Takt ohv	472 cm³	50 PS / 8900 U/min

> Im auch in Italien Ende der 1960er Jahre wieder erwachenden Motorradmarkt war eine Zweizylinder-Viertaktmaschine die ideale Basis für sportliches Motorradfahren einerseits und als Gebrauchsmaschine für den Alltag andererseits. Die MV Agusta 250 Tourismo lag da also gut im Rennen.

> Bei gleichem Hub, aber größerer Bohrung ließ sich aus dem Zweizylindermotor mit 250 cm³ Hubraum ein extrem kurzhubiger 350er machen. Und die nun erreichten 32 PS in Verbindung mit dem sportlichen Design des Modells 350 S passten noch besser zur Weltmeistermarke MV Agusta.

> Scrambler-Modelle waren für italienische Motorradhersteller Pflicht. Deshalb bot MV Agusta seine 250 Bicilindrica auch als Scrambler, unter anderem mit hochgezogenen, doppelten Auspuffrohren, einer längeren Telegabel und einem Schutzbügel unter der Ölwanne an.

> Die 350er MVs gab es wieder in verschiedenen Ausführungen. Im Bild die biedere 350 GT von 1972. Alle Zweizylinder-Viertaktmotoren arbeiteten nach dem ohv-Prinzip, das hieß, im Kopf hängende Ventile, die über Stoßstangen und Kipphebel betätigt wurden. (Foto: Lucarelli)

> Ebenfalls elektronisch gezündet wurde diese Sonderausführung der MV Agusta 350 GT für die städtische Polizei in Italien. Diesem sichtlich oft gefahrenen Modell fehlen allerdings die Seitentaschen. (Foto: Klaus Nahr)

> Und natürlich durfte auch bei den 350ern ein Scrambler-Modell nicht fehlen. Im Bild die MV Agusta 350 EL, also mit elektronischer Zündung, in der letzten Ausführung von 1974.

> Die von 1972 bis 1974 gebaute MV Agusta 350 S EL (oder »Elettronica«) mit elektronischer Zündung. S stand für Sport und für diese Maschinen war optional auch eine Vollverkleidung erhältlich, die den Serienscheinwerfer einschloss. (Foto: Mr. Choppers CC BY-SA 3.0)

> 1975 erschien die völlig überarbeitete MV Agusta 350 S, die vor allem in Italien auch als »Ipotesi« in die Motorradgeschichte einging. Zum überarbeiteten Gesamtdesign der »Ipotesi« gehörte auch der neu gestaltete Motor, der in seinem Innern aber unverändert blieb. (Foto: Mr. Choppers CC BY-SA 3.0)

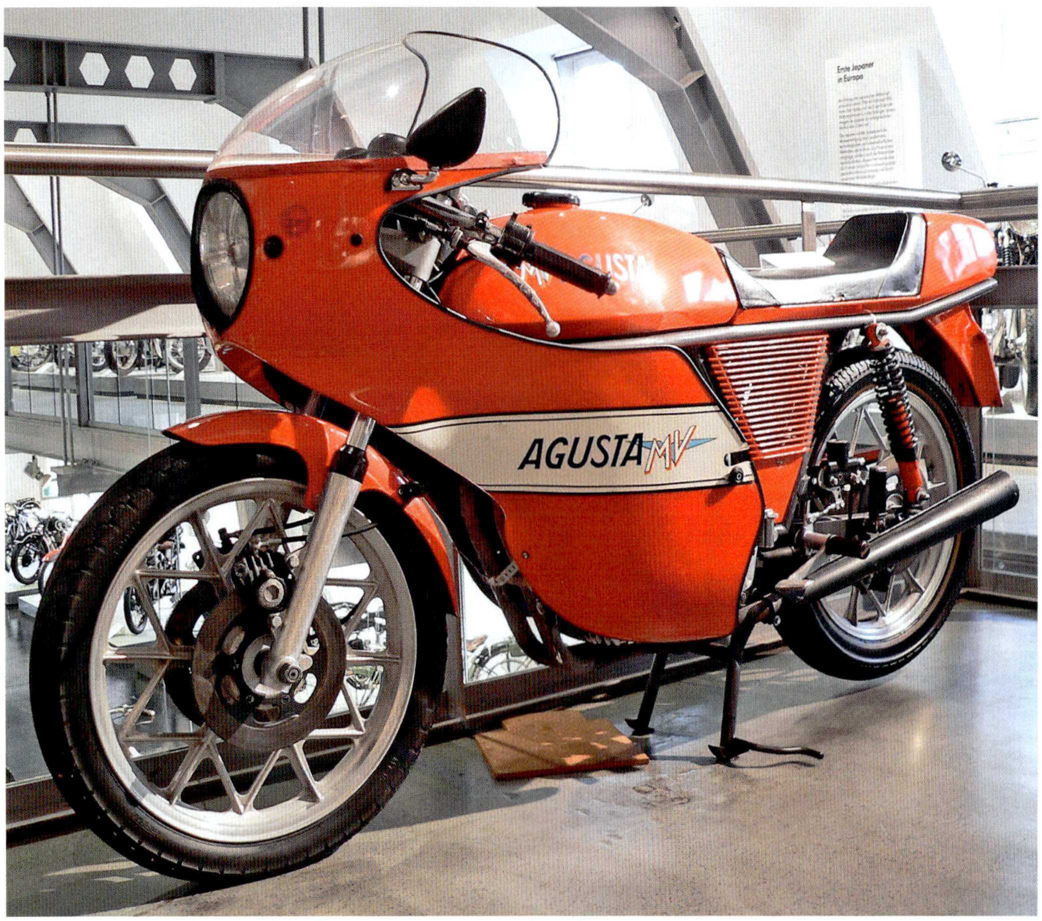

> Museumsstück: Eine der letzten MV Agusta 350 S »Ipotesi« von 1978 mit standesgemäßer Rennverkleidung. Zuletzt wurden nur noch einzelne Maschinen aus Materialrestbeständen zusammengeschraubt. (Foto: Joachim Köhler)

> Motorradpapst Siegfried Rauch stellte im deutschen Motorradkatalog der Jahre 1978 und 1979 diese MV Agusta 500 S vor. Laut technischer Daten blieb auch hier der Hub des Motors mit 56 mm gegenüber den 250er und 350er Modellen unverändert. Die Bohrung wuchs noch einmal von 63 auf 75 mm.

Die MV-Modelle mit Vierzylinder-Motor im Überblick

600 Four	1966–1970	310 Stück
4-Zyl.-4-Takt dohc	591,5 cm³	62 PS / 8200 U/min
750 Sport	**1970–1975**	**1.490 Stück**
4-Zyl.-4-Takt dohc	743 cm³	69 PS / 8000 U/min
750 GT	**1972–1975**	**48 Stück**
4-Zyl.-4-Takt dohc	743 cm³	69 PS / 8000 U/min
750 S America	**1976–1980**	**350 Stück**
4-Zyl.-4-Takt dohc	789 cm³	75 PS / 8500 U/min

> MV Agusta 750 GT – das sollte das Nachfolgemodell der wenig geliebten 600er für die große Tour werden. Aber die Liebe ließ nur noch mehr nach, angeblich sind nur 48 dieser Maschinen gebaut worden. Hier die letzte Ausführung mit doppelter Scheibenbremse am Vorderrad.

> Sie passte in keine Kategorie, war nicht besonders schön für eine Italienerin, aber wahnsinnig teuer. Die MV Agusta 600 Quattro Cilindri, deren Motor direkt von der MV-Renntechnik abstammte (der Kardanantrieb natürlich nicht), blieb ein Ladenhüter und wurde noch Jahre nach dem Produktionsstopp 1970 abverkauft. (Foto: Klaus Nahr)

> Letzte Ausführung (dritte Bauserie) 1974/75 der MV Agusta 750 S mit hydraulischer Doppelscheibenbremse von Scarab am Vorderrad. Vom Importeur mit einem zweiten S für »Super Sport« versehen. (Foto: Stuttgarter Motorradarchiv)

> Eine MV Agusta 750 Sport aus der zweiten Serie von 1972, noch mit Trommelbremsen und eckigem Rücklicht. So stellte man sich schon eher eine sportliche Straßenversion der erfolgreichen Vierzylinder-Werksrenner der Meccanica Verghera vor.

> Auf Initiative US-amerikanischer Importeure bohrte MV den 750er Motor bis auf 790 cm³ auf, gab dem Ganzen ein kantig-amerikanisches Aussehen und versprach sich von der über 200 km/h schnellen MV Agusta 750 S America ein gutes Geschäft in Übersee. Die Maschine in der ersten Ausführung von 1975.

> Die Begeisterung für die sehr teure Kardanmaschine hielt sich in engen Grenzen. Vier Zylinder und noch mehr Leistung gab es aus Japan zum halben Preis. Offiziell endete die Serienfertigung schon 1977, Einzelstücke, wie dieses Modell von 1979, entstanden aber weiterhin aus vorrätigen Teilen.

> Alle später erschienenen MV Agusta-Modelle mit 800, 900, 1000 oder gar 1100 cm^3 Hubraum waren keine bei MV in Italien entstandenen Maschinen. Importeure, allen voran die in Deutschland, bauten noch bis in die 80er Jahre hinein diverse Maschinen als Einzelstücke oder Kleinstserien auf.

Jahr	1969–1973	1969–1973	1969–1973	1969–1973	1975–1980
Modell	125 GT	125 GTL	150 GT	150 RS	125 Sport
Motor					
Hubraum (cm³)	123	123	150	150	123
Zylinder	1	1	1	1	1
Bohrung x Hub (mm)	53 x 56	53 x 56	54 x 59,5	54 x 59,5	53 x 56
Arbeitsweise	Viertakt	Viertakt	Viertakt	Viertakt	Viertakt
Steuerung	ohv	ohv	ohv	ohv	ohv
Gemischaufbereitung	Dellorto Ø 22	Dellorto Ø 22	Dellorto Ø 22	Dellorto Ø 24	Dellorto Ø 22
Ventile/Zylinder	2	2	2	2	2
Verdichtung	10:1	10,5:1	9:1	9,5:1	9,5:1
Kühlung	Luft	Luft	Luft	Luft	Luft
Leistung (PS bei U/min)	12/k. A.	15/k. A.	13/k. A.	16/k. A.	12/8500
Batterie (V/Ah)	6/ k. A.	6/k. A.	6/k. A.	6/k. A.	12/k. A.
Lichtmaschine (Watt)	30	30	30	30	60
Kraftübertragung					
Anz. Gänge	5	5	5	5	5
Kupplung	Mehrscheiben-Kupplung im Ölbad	Mehrscheiben-Kupplung im Ölbad	Mehrscheiben-Kupplung im Ölbad	Mehrscheiben-Kupplung im Ölbad	Mehrscheiben-Kupplung im Ölbad
Hinterradantrieb	Kette	Kette	Kette	Kette	Kette
Starter	Kick	Kick	Kick	Kick	Kick
Fahrwerk					
Rahmen	offener Rohrrahmen	offener Rohrrahmen	offener Rohrrahmen	offener Rohrrahmen	Doppelschleifen-Rohrrahmen
Vorderradfederung	hydr. ged. Telegabel	hydr. ged. Telegabel	hydr. ged. Telegabel	hydr. ged. Telegabel	hydr. ged. Telegabel
Hinterradfederung	Schwinge mit hydr. ged. Federbeinen	Schwinge mit hydr. ged. Federbeinen	Schwinge mit hydr. ged. Federbeinen	Schwinge mit hydr. ged. Federbeinen	Schwinge mit hydr. ged. Federbeinen
Vorderradbremse	Trommel 158 mm	Trommel 158 mm	Trommel 158 mm	Trommel 158 mm	Scheibe 260 mm
Hinterradbremse	Trommel 123,5 mm	Trommel 123,5 mm	Trommel 123,5 mm	Trommel 123,5 mm	Trommel 160 mm
Vorderradreifen	2.75-18	2.75-18	2.75-18	2.75-18	2.75-18
Hinterradreifen	2.75-18	2.75-18	2.75-18	2.75-18	3.00-18
Allgemeine Daten					
Leergewicht (kg)	95	93	105	100	103
Tankinhalt (l)	11	11	12,5	12,5	14
Höchstgeschw. (km/h)	105	120	110	125	120

Jahr	1967–1971	1967–1971	1970–1972	1971–1972	1971–1972
Modell	250 Tourismo	250 Scrambler	350 S	350 GT	350 Scrambler
Motor					
Hubraum (cm³)	247	247	349	349	349
Zylinder	2	2	2	2	2
Bohrung x Hub (mm)	53 x 56	53 x 56	63 x 56	63 x 56	63 x 56
Arbeitsweise	Viertakt	Viertakt	Viertakt	Viertakt	Viertakt
Steuerung	ohv	ohv	ohv	ohv	ohv
Gemischaufbereitung	2 x Dellorto Ø 22	2 x Dellorto Ø 22	2 x Dellorto Ø 26	2 x Dellorto Ø 26	2 x Dellorto Ø 26
Ventile/Zylinder	2	2	2	2	2
Verdichtung	9:1	10:1	9,5:1	9,5:1	9,5:1

Kühlung	Luft	Luft	Luft	Luft	Luft
Leistung (PS bei U/min)	19/7500	23/7800	32/7600	32/7600	34/7800
Batterie (V/Ah)	6/ k. A.	6/ k. A.	6/ k. A.	6/ k. A.	6/ k. A.
Lichtmaschine (Watt)	60	60	60	30	30
Kraftübertragung					
Anz. Gänge	5	5	5	5	5
Kupplung	Mehrscheiben-Kupplung im Ölnebel	Mehrscheiben-Kupplung im Ölnebel	Mehrscheiben-Kupplung im Ölnebel	Mehrscheiben-Kupplung im Ölnebel	Mehrscheiben-Kupplung im Ölnebel
Hinterradantrieb	Kette	Kette	Kette	Kette	Kette
Starter	Kick	Kick	Kick	Kick	Kick
Fahrwerk					
Rahmen	offener Rohrrahmen	offener Rohrrahmen	offener Rohrrahmen	offener Rohrrahmen	offener Rohrrahmen
Vorderradfederung	hydr. ged. Telegabel	hydr. ged. Telegabel	hydr. ged. Telegabel	hydr. ged. Telegabel	hydr. ged. Telegabel
Hinterradfederung	Schwinge mit hydr. ged. Federbeinen	Schwinge mit hydr. ged. Federbeinen	Schwinge mit hydr. ged. Federbeinen	Schwinge mit hydr. ged. Federbeinen	Schwinge mit hydr. ged. Federbeinen
Vorderradbremse	Trommel 180 mm	Trommel 180 mm	Trommel 200 mm	Trommel 200 mm	Trommel 200 mm
Hinterradbremse	Trommel 158 mm	Trommel 158 mm	Trommel 200 mm	Trommel 200 mm	Trommel 200 mm
Vorderradreifen	2.75-18	3.00-19	2.75-18	2.75-18	3.00-19
Hinterradreifen	3.25-18	3.50-18	3.25-18	3.25-18	3.50-18
Allgemeine Daten					
Leergewicht (kg)	120	k. A.	140	149	k. A.
Tankinhalt (l)	13	k. A.	18	16	k. A.
Höchstgeschw. (km/h)	150	155	160	155	160

Jahr	1972–1974	1972–1974	1972–1974	1975–1980	1977–1979
Modell	350 S EL	350 Scrambler EL	350 GT EL	350 S »Ipotesi«	500 S
Motor					
Hubraum (cm³)	349	349	349	349	472
Zylinder	2	2	2	2	2
Bohrung x Hub (mm)	63 x 56	63 x 56	63 x 56	63 x 56	75 x 56
Arbeitsweise	Viertakt	Viertakt	Viertakt	Viertakt	Viertakt
Steuerung	ohv	ohv	ohv	ohv	ohv
Gemischaufbereitung	2 x Dellorto Ø 24	2 x Dellorto Ø 24	2 x Dellorto Ø 24	2 x Dellorto Ø 24	2 x Dellorto Ø 24
Ventile/Zylinder	2	2	2	2	2
Verdichtung	9,5:1	9,5:1	9,5:1	10:1	9:1
Kühlung	Luft	Luft	Luft	Luft	Luft
Leistung (PS bei U/min)	32/7650	34/7800	32/7800	35/8800	50/8900
Batterie (V/Ah)	12/ k. A.	12/ k. A.	12/ k. A.	12/ k. A.	12/ k. A.
Lichtmaschine (Watt)	60	60	60	110	110
Kraftübertragung					
Anz. Gänge	5	5	5	5	5
Kupplung	Mehrscheiben-Kupplung im Ölbad	Mehrscheiben-Kupplung im Ölbad	Mehrscheiben-Kupplung im Ölbad	Mehrscheiben-Kupplung im Ölbad	Mehrscheiben-Kupplung im Ölbad
Hinterradantrieb	Kette	Kette	Kette	Kette	Kette
Starter	Kick	Kick	Kick	Kick	Kick
Fahrwerk					

Weiter auf nächster Seite >

Rahmen	zweidimensionaler, offener Rohrrahmen	zweidimensionaler, offener Rohrrahmen	zweidimensionaler, offener Rohrrahmen	zweidimensionaler, Rückgrat-Rohrrahmen	zweidimensionaler, Rückgrat-Rohrrahmen
Vorderradfederung	hydr. ged. Telegabel	hydr. ged. Telegabel	hydr. ged. Telegabel	hydr. ged. Telegabel	hydr. ged. Telegabel
Hinterradfederung	Schwinge mit hydr. ged. Federbeinen	Schwinge mit hydr. ged. Federbeinen	Schwinge mit hydr. ged. Federbeinen	Schwinge mit hydr. ged. Federbeinen	Schwinge mit hydr. ged. Federbeinen
Vorderradbremse	Trommel 200 mm	Trommel 200 mm	Trommel 200 mm	Doppelscheibe 220 mm	Doppelscheibe 220 mm
Hinterradbremse	Trommel 200 mm	Trommel 200 mm	Trommel 200 mm	Scheibe 220 mm	Scheibe 220 mm
Vorderradreifen	2.75-18	3.00-19	3.00-18	2.75-18	3.00-18
Hinterradreifen	3.25-18	3.50-18	3.50-18	3.25-18	4.00-18
Allgemeine Daten					
Leergewicht (kg)	137	138	138	135	145
Tankinhalt (l)	18	10	16	18	17
Höchstgeschw. (km/h)	169	160	160	170	170

Jahr	1966–1970	1970–1975	1972–1975	1976–1980
Modell	600 Four	750 Sport	750 GT	750 S America
Motor				
Hubraum (cm³)	591,5	743	743	789
Zylinder	4	4	4	4
Bohrung x Hub (mm)	58 x 56	65 x 56	65 x 56	67 x 56
Arbeitsweise	Viertakt	Viertakt	Viertakt	Viertakt
Steuerung	dohc	dohc	dohc	dohc
Gemischaufbereitung	4 x Dellorto Ø 24	4 x Dellorto Ø 24	4 x Dellorto Ø 24	4 x Dellorto Ø 26
Ventile/Zylinder	2	2	2	2
Verdichtung	9,3:1	9,5:1	9,5:1	9,5:1
Kühlung	Luft	Luft	Luft	Luft
Leistung PS bei U/min)	62/8200	69/8000	69/8000	75/8500
Batterie (V/Ah)	12/ 18	12/ 18	12/ 18	12/ k. A.
Lichtmaschine (Watt)	135	135	135	135
Kraftübertragung				
Anz. Gänge	5	5	5	5
Kupplung	Mehrscheiben-Kupplung im Ölbad	Mehrscheiben-Kupplung im Ölbad	Mehrscheiben-Kupplung im Ölbad	Mehrscheiben-Kupplung im Ölbad
Hinterradantrieb	Kardanwelle	Kardanwelle	Kardanwelle	Kardanwelle
Starter	Kick	Kick / Elektro	Kick / Elektro	Kick / Elektro
Fahrwerk				
Rahmen	Doppelschleifen-Rohrrahmen	Doppelschleifen-Rohrrahmen	Doppelschleifen-Rohrrahmen	Doppelschleifen-Rohrrahmen
Vorderradfederung	hydr. ged. Telegabel	hydr. ged. Telegabel	hydr. ged. Telegabel	hydr. ged. Telegabel
Hinterradfederung	Schwinge mit hydr. ged. Federbeinen	Schwinge mit hydr. ged. Federbeinen	Schwinge mit hydr. ged. Federbeinen	Schwinge mit hydr. ged. Federbeinen
Vorderradbremse	Doppelscheibe	Trommel 230 mm	Trommel 230 mm	Doppelscheibe 280 mm
Hinterradbremse	Trommel 200 mm	Trommel 200 mm	Trommel 200 mm	Doppelscheibe 225 mm
Vorderradreifen	3.50-18	3.50-18	3.50-18	3.50 V-18
Hinterradreifen	4.00-18	4.00-18	4.00-18	4.00 V-18
Allgemeine Daten				
Leergewicht (kg)	220	225	246	214
Tankinhalt (l)	20	26	24	24
Höchstgeschw. (km/h)	185	225	200	216
Stückzahl	310	1.490	48	350

Kapitel 26
Olimpic GKD

Die kleine italienische Offroad-Schmiede Olimpic Motors A. Guidi & Figlio in Bologna war eng mit dem Moto-Cross-Fahrer Andrea Mosconi verbunden. Der baute ab 1969 ein paar Dutzend Moto-Cross-Maschinen mit 125er Aermacchi-Harley-Davidson Zweitaktmotoren auf.
1973 gründete sich im Zusammenhang mit Mosconi und der Marke Eurocross der Motorenhersteller Hiro SAS mit Sitz im norditalienischen Origgio, nahe Varese.
Hier entstanden in den Folgejahren Zweitaktmotoren mit 125, 175, 250 und 350 cm³ Hubraum, hauptsächlich für Motocross- und Enduro-Maschinen, aber auch für normale Straßenmotorräder. Die Motoren wurden von Ancillotti, Aprilia, Barbiero, Cagiva, GKD, Maltry, MAV, Trans AMA (Tau) und TGM gekauft.

Olimpic hatte 1974 unter der Marke GKD begonnen, 50-cm³-Maschinen mit Motoren von Fichtel & Sachs für Moto-Cross-Wettbewerbe zu bauen. In der Zusammenarbeit mit Hiro bot man später auch Moto-Cross-Maschinen und Enduros mit dem 125er Motor aus Origgio an. Nach 1977 verlief sich die Spur von Olimpic Motors, es war nichts mehr von ihr zu hören oder zu sehen.

Die Olimpic-Modelle im Überblick

GKD 125 Regolarità	1976–1977	
1-Zyl.-2-Takt	124 cm³	22 PS / 9000 U/min
GKD 125 Cross	**1976–1977**	
1-Zyl.-2-Takt	124 cm³	25 PS / 10800 U/min

Jahr	1976–1977	1976–1977
Modell	GKD 125 Regolaritá	GKD 125 Cross
Motor		
Hubraum (cm³)	124	124
Zylinder	1	1
Bohrung x Hub (mm)	54 x 54	54 x 54
Arbeitsweise	Zweitakt	Zweitakt
Steuerung	Schlitz	Schlitz
Gemischaufbereitung	Dellorto Ø 32	Dellorto Ø 32
Ventile/Zylinder	0	0
Verdichtung	9,2:1	9,2:1
Kühlung	Luft	Luft
Leistung (PS bei U/min)	22/9000	25/10800
Zündung	kontaktlos, Thyristor,	kontaktlos, Thyristor,
Kraftübertragung		
Anz. Gänge	6	6
Kupplung	Mehrscheiben-Kupplung im Ölbad	Mehrscheiben-Kupplung im Ölbad
Hinterradantrieb	Kette	Kette
Starter	Kick	Kick
Fahrwerk		
Rahmen	Doppelschleifen-Rohrrahmen	Doppelschleifen-Rohrrahmen
Vorderradfederung	hydr. ged. Telegabel	hydr. ged. Telegabel
Hinterradfederung	Schwinge mit hydr. ged. Federbeinen	Schwinge mit hydr. ged. Federbeinen
Vorderradbremse	Trommel 140 mm	Trommel 140 mm
Hinterradbremse	Trommel 140 mm	Trommel 140 mm
Vorderradreifen	3.00-21	3.00-21
Hinterradreifen	3.50-18	3.50-18
Allgemeine Daten		
Leergewicht (kg)	98	k. A.
Tankinhalt (l)	10	10
Höchstgeschw. (km/h)	125	einsatzabhängig

> Die 125er »Eurocross«-Maschinen von Andrea Mosconi waren indirekt eine Art Vorläufer der späteren Moto Cross- und Geländesportmaschinen von Olimpic GKD.

> Wie bei allen italienischen Motorrädern dieser Art stand auch bei der Olimpic GKD 125 die Zusatzbezeichnung »Regolarità« für ein Enduro-Modell. Die starken Hiro-Zweitakter, von einem 32-mm-Dellorto-Vergaser gespeist, waren mit einem Sechsganggetriebe verbunden.

> Mit dem gleichen Rahmen der Enduro aber geänderten Federelementen hatte Olimpic zeitgleich eine 125er Moto-Cross-Maschine auf einen in diesem Segment und zu dieser Zeit völlig überhitzten Markt geschickt. Unter anderem mit ihren 25 PS war die Maschine durchaus wettbewerbsfähig, ging aber in der Masse des Angebots unter.

Kapitel 27
Simonini

Enzo Simonini, vom Automobilhersteller Fiat kommend, begann Anfang der 1960er Jahre mit dem Tuning von Zweitaktmotoren für Offroad-Maschinen. Er bot Umrüstsätze für verschiedene Marken und Modelle in Italien an, die einigen Fahrern durchaus Wettbewerbsvorteile gegenüber der Konkurrenz verschafften.

Wie andere Kleinsthersteller auch, begann Simonini 1971 mit dem Bau seines ersten 50-cm³-Cross-Modells. In den von Simonini selbst konstruierten Rahmen wurden leistungsgesteigerte Motoren von Fichtel & Sachs gesetzt. 1972 kam eine 125er dazu, die ebenfalls von einem Sachs-Motor mit Sechsganggetriebe befeuert wurde.

1974 stieg Simonini bei seinen 50ern auf Kreidler-Triebwerke um und begann im gleichen Jahr die Produktion von eigenen 125- und 250-cm³-Maschinen auszuweiten. Hierfür wurde auch ein Sachs-7-Gang-Motor mit 250 cm³ Hubraum in das Sortiment aufgenommen.

Zur Finanzierung der Produktionserweiterung ging Simonini mit Franco Fornetti eine Partnerschaft ein, die das Geschäft in Maranello für einige Jahre durchaus florieren ließ. Nach Meinungsverschiedenheiten trennten sich die Partner wieder und Simonini stellte 1983 die Produktion ein.

Die Simonini-Modelle mit 125 cm³ im Überblick

125 Cross	**1974–1976**	
1-Zyl.-2-Takt	123 cm³	24 PS / 10000 U/min
125 Regolarità	**1974–1976**	
1-Zyl.-2-Takt	123 cm³	22 PS / 9200 U/min
125 Cross Hard Race	**1976–1978**	
1-Zyl.-2-Takt	123 cm³	25,5 PS / 10000 U/min
125 Regolarità Long Range	**1976–1978**	
1-Zyl.-2-Takt	123 cm³	22 PS / 9200 U/min
125 Cross Hard Race	**1978–1979**	
1-Zyl.-2-Takt	123 cm³	25,5 PS / 10000 U/min
125 Regolarità Long Range 7R	**1978–1979**	
1-Zyl.-2-Takt	123 cm³	22 PS / 9200 U/min

> Anders als die Moto-Cross-Modelle konzipierte Simonini seine Geländesport-Maschinen auch für den normalen Straßeneinsatz. Während der 125er Sachs-Motor mit einem Sechsganggetriebe ausgestattet war, hatten die neuen 250er Enduros schon das Siebengangtriebwerk.

> Die ersten Simonini-Maschinen waren noch Einzelstücke, bzw. wurden in Kleinstserien mit einem Dutzend Modellen hergestellt. Erst ab 1974 startete die kleine Firma aus Maranello richtig durch und bot 125er und 250er Offroad-Motorräder mit Sachs-Motoren an. Im Bild die 125 Cross von 1974.

> Die Jahre 1976 bis 1978 waren zweifellos die produktivsten für die kleine Firma Simonini in Maranello. Auch die 125er Offroader konnten inzwischen mit dem Siebengang-Sachs-Triebwerk bestückt werden und für den erfolgreicheren Export in die USA und andere westliche Länder hatten die Maschinen eine Zusatzbezeichnung bekommen. »Hard Race« hieß nun das Cross-Modell.

> »Long Range« nannte Simonini zusätzlich seine straßentauglichen Geländesport-Maschinen. Auch hier sorgte das Siebengang-Triebwerk aus Deutschland, das von einem 32-mm-Bing-Concentric-Vergaser gespeist wurde, für Vortrieb.

> Das Simonini Cross-Modell »Hard Race 125« des Jahrgangs 1979. Bei noch längeren Federwegen, geändertem Design aber gleicher Motorleistung war der Absatz in einem von diesen Maschinen übersättigten Markt schon wieder deutlich rückläufig.

> Bei den Enduros hatte Simonini in den Jahren 78/79 eine Zweiteilung vorgenommen. Gegenüber den Vorjahren nur wenig am Design geändert, war weiterhin die Siebengang-Regolità, jetzt mit der Bezeichnung »Long Range 7R« im Angebot.

> Mit dem Cross-Tank und dem Sechsgangschaltwerk von Fichtel & Sachs bot Simonini Ausgangs der 70er Jahre die »Long Range R« als etwas preiswerteres Einstiegsmodell an.

Die Simonini-Modelle mit 175-255 cm³ im Überblick

250 Regolarità	**1974–1976**	
1-Zyl.-2-Takt	248 cm³	33 PS / 8000 U/min
250 Cross Hard Race	**1977–1979**	
1-Zyl.-2-Takt	248 cm³	38 PS / 8000 U/min
250 Regolarità Long Range	**1977–1979**	
1-Zyl.-2-Takt	248 cm³	35 PS / 8000 U/min
175 Regolarità Long Range	**1977–1979**	
1-Zyl.-2-Takt	175 cm³	30 PS / 8500 U/min
260 Regolarità Long Range	**1977–1979**	
1-Zyl.-2-Takt	255 cm³	36 PS / 7600 U/min

> Man musste schon sehr genau hinsehen, um die 250er Simonini-Maschinen mit 250 cm³ (im Bild das Cross-Modell, auch »Hard Race« genannt) von denen mit 125 cm³ zu unterscheiden. Es war eigentlich nur am etwas wuchtigeren Zylinderblock und dahinter gequetschten Vergaser zu erkennen.

> 175, 245 oder 255 cm³ Hubraum? Simonini nutzte die ganze Bandbreite lieferbarer Sachs-Zweitaktmotoren aus und bot ab 1977 auch eine 175er und eine 260er Enduro an, die sich außer bei den Leistungsdaten in nichts vom 250er »Long Range«-Modell unterschieden.

Jahr	1974–1976	1974–1976	1976–1978	1976–1978	1978–1979	1978–1979
Modell	125 Cross	125 Regolaritá	125 Cross Hard Race	125 Regolaritá Long Range	125 Cross Hard Race	125 Regolaritá Long Range
Motor						
Hubraum (cm³)	123	123	123	123	123	123
Zylinder	1	1	1	1	1	1
Bohrung x Hub (mm)	54 x 54	54 x 54	54 x 54	54 x 54	54 x 54	54 x 54
Arbeitsweise	Zweitakt	Zweitakt	Zweitakt	Zweitakt	Zweitakt	Zweitakt
Steuerung	Schlitz	Schlitz	Schlitz	Schlitz	Schlitz	Schlitz
Gemischaufbereitung	Bing Ø 36	Bing Ø 36	Bing Ø 36	Bing Ø 32	Bing Ø 36	Bing Ø 32
Ventile/Zylinder	0	0	0	0	0	0
Verdichtung	14:1	12:1	13:1	12:1	13:1	12:1
Kühlung	Luft	Luft	Luft	Luft	Luft	Luft
Leistung (PS bei U/min)	24/10000	22/9200	25,5/10000	22/9200	25,5/10000	22/9200
Zündung	kontaktlos, Thyristor, 6 V / 35 W	kontaktlos, Thyristor, 6 V / 35 W	kontaktlos, Thyristor	kontaktlos, Thyristor, 6 V / 35 W	kontaktlos, Thyristor	kontaktlos, Thyristor, 6 V / 35 W
Kraftübertragung						
Anz. Gänge	6	7	7	7	7	7
Kupplung	Mehrscheiben-Kupplung im Ölbad	Mehrscheiben-Kupplung im Ölbad	Mehrscheiben-Kupplung im Ölbad	Mehrscheiben-Kupplung im Ölbad	Mehrscheiben-Kupplung im Ölbad	Mehrscheiben-Kupplung im Ölbad
Hinterradantrieb	Kette	Kette	Kette	Kette	Kette	Kette
Starter	Kick	Kick	Kick	Kick	Kick	Kick
Fahrwerk						

Weiter auf nächster Seite >

Rahmen	Doppelschleifen-Rohrrahmen	Doppelschleifen-Rohrrahmen	Doppelschleifen-Rohrrahmen	Doppelschleifen-Rohrrahmen	Doppelschleifen-Rohrrahmen	Doppelschleifen-Rohrrahmen
Vorderradfederung	hydr. ged. Telegabel	hydr. ged. Telegabel	hydr. ged. Telegabel	hydr. ged. Telegabel	hydr. ged. Telegabel	hydr. ged. Telegabel
Hinterradfederung	Schwinge mit hydr. ged. Federbeinen	Schwinge mit hydr. ged. Federbeinen	Schwinge mit hydr. ged. Federbeinen	Schwinge mit hydr. ged. Federbeinen	Schwinge mit hydr. ged. Federbeinen	Schwinge mit hydr. ged. Federbeinen
Vorderradbremse	Trommel 140 mm	Trommel 140 mm	Trommel 125 mm	Trommel 140 mm	Trommel 125 mm	Trommel 140 mm
Hinterradbremse	Trommel 140 mm	Trommel 140 mm	Trommel 140 mm	Trommel 140 mm	Trommel 140 mm	Trommel 140 mm
Vorderradreifen	3.00-21	3.00-21	3.00-21	3.00-21	3.00-21	3.00-21
Hinterradreifen	4.00-18	4.00-18	4.00-18	4.00-18	4.00-18	4.00-18
Allgemeine Daten						
Leergewicht (kg)	88	94	90	96	90	96
Tankinhalt (l)	6	7	6,5	7,7	6,5	7,7
Höchstgeschw. (km/h)	einsatzabhängig	einsatzabhängig	einsatzabhängig	einsatzabhängig	einsatzabhängig	einsatzabhängig

Jahr	1974–1976	1977–1979	1977–1979	1977–1979	1977–1979
Modell	250 Regolaritá	250 Cross Hard Race	250 Regolaritá Long Range	175 Regolaritá Long Range	260 Regolaritá Long Range
Motor					
Hubraum (cm³)	248	245	245	175	255
Zylinder	1	1	1	1	1
Bohrung x Hub (mm)	72 x 61	71,5 x 61	71,5 x 61	k. A.	k. A.
Arbeitsweise	Zweitakt	Zweitakt	Zweitakt	Zweitakt	Zweitakt
Steuerung	Schlitz	Schlitz	Schlitz	Schlitz	Schlitz
Gemischaufbereitung	Bing Ø 36	Bing Ø 36	Bing Ø 36	Bing Ø 34	Bing Ø 36
Ventile/Zylinder	0	0	0	0	0
Verdichtung	12:1	11,5:1	11,5:1	11,5:1	11,5:1
Kühlung	Luft	Luft	Luft	Luft	Luft
Leistung (PS bei U/min)	33/8000	38/8000	35/8000	30/8500	36/7600
Zündung	kontaktlos, Thyristor	kontaktlos, Thyristor	kontaktlos, Thyristor, 6 V / 35 W	kontaktlos, Thyristor, 6 V / 35 W	kontaktlos, Thyristor, 6 V / 35 W
Kraftübertragung					
Anz. Gänge	7	7	7	7	7
Kupplung	Mehrscheiben-Kupplung im Ölbad	Mehrscheiben-Kupplung im Ölbad	Mehrscheiben-Kupplung im Ölbad	Mehrscheiben-Kupplung im Ölbad	Mehrscheiben-Kupplung im Ölbad
Hinterradantrieb	Kette	Kette	Kette	Kette	Kette
Starter	Kick	Kick	Kick	Kick	Kick
Fahrwerk					
Rahmen	Doppelschleifen-Rohrrahmen	Doppelschleifen-Rohrrahmen	Doppelschleifen-Rohrrahmen	Doppelschleifen-Rohrrahmen	Doppelschleifen-Rohrrahmen
Vorderradfederung	hydr. ged. Telegabel	hydr. ged. Telegabel	hydr. ged. Telegabel	hydr. ged. Telegabel	hydr. ged. Telegabel
Hinterradfederung	Schwinge mit hydr. ged. Federbeinen	Schwinge mit hydr. ged. Federbeinen	Schwinge mit hydr. ged. Federbeinen	Schwinge mit hydr. ged. Federbeinen	Schwinge mit hydr. ged. Federbeinen
Vorderradbremse	Trommel 140 mm	Trommel 140 mm	Trommel 140 mm	Trommel 140 mm	Trommel 140 mm
Hinterradbremse	Trommel 140 mm	Trommel 140 mm	Trommel 140 mm	Trommel 140 mm	Trommel 140 mm
Vorderradreifen	3.00-21	3.00-21	3.00-21	3.00-21	3.00-21
Hinterradreifen	4.00-18	4.50-18	4.50-18	4.50-18	4.50-18
Allgemeine Daten					
Leergewicht (kg)	102	95	100	99	101
Tankinhalt (l)	7	6,5	7,7	7,7	7,7
Höchstgeschw. (km/h)	einsatzabhängig	einsatzabhängig	einsatzabhängig	einsatzabhängig	einsatzabhängig

Kapitel 28
SWM

SWM (speedy working motors) Motocicli wurde ursprünglich 1971 von Piero Sironi und Fausto Vergani in Mailand gegründet. Sportliche Erfolge konnte das Unternehmen vor allem im Motocross und im Endurosport erringen. Für seine Moto Cross-, Geländesport- und Trial-Maschinen mit Hubräumen zwischen 50 und 250 cm^3 verbaute SWM anfangs Einzylinder-Zweitakt-Motoren von Fichtel & Sachs; später wechselte man zu Rotax als Motorenlieferant. Zum preiswerten Einstieg im 50er Nachwuchsbereich fanden auch Minarelli-Zweitakter für Moto Cross- und Geländesport-Maschinen Verwendung. Obwohl die SWM-Maschinen kaum anders aussahen und nicht anders motorisiert waren als Dutzende ähnliche Motorräder, die zu dieser Zeit aus Italien kamen, war die kleine Schmie-

> Im internationalen Motorradgeländesport war SWM mit fünf Europameistertiteln und dem Gewinn der Silbervase bei den Six Days 1975 in den 70er Jahren die erfolgreichste italienische Marke.

de vor den Toren Mailands doch erfolgreicher als andere. In den 1970er Jahren gewann SWM in der Enduro-Europameisterschaft fünf Titel, davon allein vier im Jahre 1979 (125, 175, 250 und über 350 cm^3). Drei weitere Titel kamen 1980 hinzu. Bei der Internationalen Sechstagefahrt 1975 gewann ein mit SWM-Motorrädern ausgestattetes italienisches Team die Silbervase. An dieser Stelle darf angemerkt werden, dass es, obwohl es mehr als ein Dutzend italienische Hersteller gab, die in den 70er Jahren Geländesportmotorräder produzierten, außer SWM keiner schaffte, in die Weltspitze vorzudringen. Wohl kamen noch einige weitere Europameister aus Italien, aber die waren auf österreichischen KTM unterwegs.

> 1972 nahmen SWM-Maschinen erstmals an der Internationalen Sechstagefahrt teil und fuhren hier schon einige Medaillen ein. Grund genug, bereits im Vorfeld eine konkurrenzfähige 125er Geländesportmaschine mit der Bezeichnung »Six Days« auf den internationalen Markt zu bringen.

Die SWM-Modelle 1972–1976 im Überblick

125 Cross	1972–1974	
1-Zyl.-2-Takt	123 cm³	19,5 PS / 9000 U/min
125 Six Days	**1972–1974**	
1-Zyl.-2-Takt	123 cm³	19 PS / 9000 U/min
125 Cross	**1974–1975**	
1-Zyl.-2-Takt	123 cm³	20,5 PS / 10500 U/min
125 GS Regolarità	**1974–1975**	
1-Zyl.-2-Takt	123 cm³	19 PS / 9500 U/min
Six Days 125 ES	**1975–1976**	
1-Zyl.-2-Takt	123 cm³	22 PS / 9600 U/min
Six Days 125 ER	**1975–1976**	
1-Zyl.-2-Takt	123 cm³	20 PS / 9400 U/min
Six Days 175 ES	**1975–1976**	
1-Zyl.-2-Takt	173 cm³	28 PS / 8800 U/min
Six Days 175 ER	**1975–1976**	
1-Zyl.-2-Takt	173 cm³	28 PS / 8800 U/min

> Im gleichen Fahrwerk konnte SWM gleichzeitig und problemlos eine 125er Crossmaschine auf die Räder stellen. Man ließ nur die Beleuchtungsanlage weg und erreichte durch den nun nicht mehr straßentauglichen Auspuff ein halbes PS Motorleistung mehr.

> Wie nicht anders zu erwarten erschienen die SWM-Maschinen nahezu im Jahresrhythmus technisch und optisch auf den neusten Stand gebracht. Der Sachs-Zweitakter mit Sechsganggetriebe leistete 1974 in der 125er Cross-Maschine 20,5 PS.

> Vom Enduro-Modell bot SWM sowohl eine scharfe Wettbewerbsmaschine für Profis als auch ein gezähmtes Straßenmodell mit kleinerem Vergaser und 17 PS an. Im Bild die stärkere 125 GS von 1974/75.

> 1975 teilte SWM seine Geländesportmaschinen in zwei Kategorien mit der über allem stehenden Bezeichnung »Six Days«. Die ES-Typen als Hochleistungsmodelle für den Profibereich und die ER-Typen, in Leistung und Ausstattung leicht abgespeckt, für die Fahrt zum Eiscafé. Im Bild die Six Days ER 125.

> 1975 wurden auch 175-cm³-Six-Days-Maschinen in den beiden Kategorien analog zu den 125ern angeboten. Dabei war die ES 175 (Bild) technisch und in der Motorleistung mit dem Modell ER 175 identisch.

Die SWM-Modelle 1976–1977 im Überblick

Silver Vase ES 125 7V	**1976–1977**	
1-Zyl.-2-Takt	123 cm³	24 PS / 9500 U/min
Silver Vase ER 125	**1976–1977**	
1-Zyl.-2-Takt	123 cm³	23 PS / 9200 U/min
Silver Vase ES 175 7V	**1976–1977**	
1-Zyl.-2-Takt	173 cm³	28 PS / 8800 U/min
Silver Vase ER 175 7V	**1976–1977**	
1-Zyl.-2-Takt	173 cm³	27 PS / 8500 U/min
Silver Vase ES 250 7V	**1976–1977**	
1-Zyl.-2-Takt	248 cm³	35 PS / 7500 U/min
Silver Vase ER 250 7V	**1976–1977**	
1-Zyl.-2-Takt	248 cm³	33 PS / 7300 U/min
Cross Replica 125	**1976–1977**	
1-Zyl.-2-Takt	123 cm³	24 PS / 9500 U/min
250 Cross 7V	**1976–1977**	
1-Zyl.-2-Takt	248 cm³	36 PS / 7700 U/min

> Nach dem Gewinn der Silbervase bei der Internationalen Sechstagefahrt 1975, sozusagen dem Junioren-Weltmeistertitel, durfte SWM seine GS-Maschinen selbstverständlich mit der Zusatzbezeichnung »Silver Vase« auf den Markt schicken. Im Bild die ES 125 7/V mit Siebengang-Sachs-Motor. Ein PS und ein Gang weniger mit dem »alten« Sachs-Motor Typ 1251/6D-GS, ansonsten baugleich mit dem ES-Modell, gab sich die SWM Silver Vase ER 125 des Jahres 1976.

> Die Silver-Vase-Modellreihe des Jahres 1976 beinhaltete auch zwei 175er und zwei 250er Geländesport-Maschinen mit dem Siebengangmotor von Fichtel & Sachs. Auch hier wurde in ES für die Hochleistungsvariante und ER für die leicht abgespeckten Modelle unterschieden. Im Bild die SWM Silver Vase ES 250.

> 1975 wurde erstmals eine Moto-Cross-Weltmeisterschaft in der 125-cm³-Klasse ausgetragen. Zwar von Suzuki dominiert, versuchte sich auch SWM hier ein Stück vom Kuchen abzuschneiden. Für die Kundschaft gab es dafür 1976 die Cross Replica 125.

Die SWM-Modelle 1977–1979 im Überblick

RS 125 GS	**1977–1979**	
1-Zyl.-2-Takt	124 cm³	26 PS
RS 125 MC	**1977–1979**	
1-Zyl.-2-Takt	124 cm³	26 PS
RS 175 GS	**1977–1979**	
1-Zyl.-2-Takt	174 cm³	27 PS
RS 250 GS	**1977–1979**	
1-Zyl.-2-Takt	247 cm³	36 PS
RS 250 MC	**1977–1979**	
1-Zyl.-2-Takt	247 cm³	36 PS
125 TL	**1977–1980**	
1-Zyl.-2-Takt	124 cm³	11,5 PS / 7000 U/min
320 TL	**1977–1980**	
1-Zyl.-2-Takt	277 cm³	17 PS / 6400 U/min

> Unter anderem mit längeren Federwegen und kleinerem Tank ließ sich aus der 125er GS von SWM mit Rotax-Motor auch leicht eine veritable Moto-Cross-Maschine bauen. (Foto: Curzio Bruni)

> SWM hatte es aus der Geländesport-Basis heraus nicht schwer, auch eine 250er Cross-Maschine mit dem Siebengang-Zweitakter von Fichtel & Sachs anzubieten. In die Weltspitze drang man damit nicht vor, aber für italienische Meisterschaftsläufe reichte es allemal.

> Das Modelljahr 1977 brachte bei den SWM-Maschinen ab 125 cm³ Hubraum den Wandel weg von den Sachs-Motoren, hin zu den Zweitakt-Triebwerken von Rotax. Die drehschiebergesteuerten Zweitakter aus Österreich wurden bei SWM noch weiter auf Hochleistung gebracht und mit großem Erfolg in den Wettbewerbsenduros eingesetzt. Im Bild die ER 125 GS von 1978.

> In der international immer noch besetzten Hubraumklasse bis 175 cm³ hatten Privatfahrer mit der SWM RS 175 GS Ende der 70er Jahre durchaus noch Chancen, vorne mitzufahren. Neben KTM, Zündapp und Hercules bestimmten die Mailänder hier die Weltspitze mit.

> Bärenstarke 36 PS leistete der von SWM optimierte Rotax-Zweitakter mit Plattendrehschieber-Einlasssteuerung in der 250er Enduro. Mit den österreichischen Triebwerken gewann SWM 1979 alle drei Europameistertitel in den Klassen (125, 175, 250 cm³), in denen die Mailänder Maschinen antraten.

> Mit dem Rahmen der Enduro, dem starken Rotax-Zweitakter und den ansonsten für den Cross-Einsatz angepassten Fahrwerkselementen, stellte SWM Ende der 70er Jahre auch eine konkurrenzfähige 250er Moto-Cross-Maschine auf die Räder.

> 1977 begann bei SWM auch die Fertigung von Trial-Maschinen. Serienmäßig wurden solche Motorräder nur von ganz wenigen Herstellern angeboten, weshalb sich die durchaus konkurrenzfähigen SWM-Modelle (im Bild die 125 TL) auf Jahre hin einen festen Käuferstamm sicherten.

> Mit dem 277 cm³ großen Einzylinder-Zweitakter von Rotax war mit der SWM 320 TL auch eine Maschine für echte Profis unter den Privatfahrern erhältlich. Die Drehschieber-Motoren waren durch eine geringere Verdichtung gedrosselt, wiesen jedoch ein fülligeres Drehmoment auf.

> 82 kg Wettkampfgewicht standen für die SWM 320 TL zu Buche. In der Ausführung mit Beleuchtungsanlage und bequemer Sitzbank war es ein wenig mehr. So war die Maschine straßenzulassungstauglich und konnte gegebenenfalls zum Wettkampfort gefahren werden.

Jahr	1972–1974	1972–1974	1974–1975	1974–1975
Modell	125 Cross	125 Six Days	125 Cross	125 GS Regolaritá
Motor				
Hubraum (cm³)	123	123	123	123
Zylinder	1	1	1	1
Bohrung x Hub (mm)	54 x 54	54 x 54	54 x 54	54 x 54
Arbeitsweise	Zweitakt	Zweitakt	Zweitakt	Zweitakt
Steuerung	Schlitz	Schlitz	Schlitz	Schlitz
Gemischaufbereitung	Bing Ø 28	Bing Ø 28	Bing Ø 30	Bing Ø 28
Ventile/Zylinder	0	0	0	0
Verdichtung	11:1	11:1	14,7:1	13,5:1
Kühlung	Luft	Luft	Luft	Luft
Zündung	kontaktlos, Thyristor, 6 V / 35 W	kontaktlos, Thyristor, 6 V / 35 W	kontaktlos, Thyristor, 6 V / 35 W	kontaktlos, Thyristor, 6 V / 35 W
Leistung (PS bei U/min)	19,5/9000	19/9000	20,5/10500	19/9500
Kraftübertragung				
Anz. Gänge	6	6	6	6
Kupplung	Mehrscheiben im Ölbad	Mehrscheiben im Ölbad	Mehrscheiben im Ölbad	Mehrscheiben im Ölbad
Hinterradantrieb	Kette	Kette	Kette	Kette
Starter	Kick	Kick	Kick	Kick
Fahrwerk				
Rahmen	Doppelschleifen-Rohrrahmen	Doppelschleifen-Rohrrahmen	Doppelschleifen-Rohrrahmen	Doppelschleifen-Rohrrahmen
Vorderradfederung	hydr. ged. Telegabel	hydr. ged. Telegabel	hydr. ged. Telegabel	hydr. ged. Telegabel
Hinterradfederung	Schwinge mit hydr. ged. Federbeinen	Schwinge mit hydr. ged. Federbeinen	Schwinge mit hydr. ged. Federbeinen	Schwinge mit hydr. ged. Federbeinen
Sitzhöhe (cm)	96	96	83	96
Vorderradbremse	Trommel 136 mm	Trommel 136 mm	Trommel 136 mm	Trommel 136 mm
Hinterradbremse	Trommel 150 mm	Trommel 150 mm	Trommel 150 mm	Trommel 150 mm

Vorderradreifen	2.50-21	2.50-21	3.00-21	3.00-21
Hinterradreifen	3.50-18	3.50-18	3.75-18	3.75-18
Allgemeine Daten				
Leergewicht (kg)	85	90	83	90
Tankinhalt (l)	8,5	8,5	8,5	8,5
Höchstgeschw. (km/h)	Einsatzabhänging	Einsatzabhänging	Einsatzabhänging	Einsatzabhänging

Jahr	1975–1976	1975–1976	1975–1976	1975–1976
Modell	Six Days 125 ES	Six Days 125 ER	Six Days 175 ES	Six Days 175 ER
Motor				
Hubraum (cm³)	123	123	173	173
Zylinder	1	1	1	1
Bohrung x Hub (mm)	54 x 54	54 x 54	60 x 61	60 x 61
Arbeitsweise	Zweitakt	Zweitakt	Zweitakt	Zweitakt
Steuerung	Schlitz	Schlitz	Schlitz	Schlitz
Gemischaufbereitung	Bing Ø 32	Bing Ø 32	Bing Ø 34	Bing Ø 34
Ventile/Zylinder	0	0	0	0
Verdichtung	14:1	13:1	11:1	11:1
Kühlung	Luft	Luft	Luft	Luft
Zündung	kontaktlos, Thyristor, 6 V / 35 W	kontaktlos, Thyristor, 6 V / 35 W	kontaktlos, Thyristor, 6 V / 35 W	kontaktlos, Thyristor, 6 V / 35 W
Leistung (PS bei U/min)	22/9600	20/9400	28/8800	28/8800
Kraftübertragung				
Anz. Gänge	6	7	6	7
Kupplung	Mehrscheiben im Ölbad	Mehrscheiben im Ölbad	Mehrscheiben im Ölbad	Mehrscheiben im Ölbad
Hinterradantrieb	Kette	Kette	Kette	Kette
Starter	Kick	Kick	Kick	Kick
Fahrwerk				
Rahmen	Doppelschleifen-Rohrrahmen	Doppelschleifen-Rohrrahmen	Doppelschleifen-Rohrrahmen	Doppelschleifen-Rohrrahmen
Vorderradfederung	hydr. ged. Telegabel	hydr. ged. Telegabel	hydr. ged. Telegabel	hydr. ged. Telegabel
Hinterradfederung	Schwinge mit hydr. ged. Federbeinen	Schwinge mit hydr. ged. Federbeinen	Schwinge mit hydr. ged. Federbeinen	Schwinge mit hydr. ged. Federbeinen
Vorderradbremse	Trommel 140 mm	Trommel 140 mm	Trommel 140 mm	Trommel 140 mm
Hinterradbremse	Trommel 140 mm	Trommel 140 mm	Trommel 140 mm	Trommel 140 mm
Vorderradreifen	3.00-21	3.00-21	3.00-21	3.00-21
Hinterradreifen	4.00-18	4.00-18	4.50-18	4.50-18
Allgemeine Daten				
Leergewicht (kg)	90	90	97	97
Tankinhalt (l)	8,5	8,5	9,5	9,5
Höchstgeschw. (km/h)	Einsatzabhänging	Einsatzabhänging	Einsatzabhänging	Einsatzabhänging

Jahr	1976-1977	1976-1977	1976-1977	1976-1977
Modell	Silver Vase ES 125	Silver Vase ER 125	Silver Vase ES 175	Silver Vase ER 175
Motor				
Hubraum (cm³)	123	123	173	173
Zylinder	1	1	1	1

Weiter auf nächster Seite >

Bohrung x Hub (mm)	54 x 54	54 x 54	60 x 61	60 x 61
Arbeitsweise	Zweitakt	Zweitakt	Zweitakt	Zweitakt
Steuerung	Schlitz	Schlitz	Schlitz	Schlitz
Gemischaufbereitung	Bing Ø 32	Bing Ø 32	Bing Ø 34	Bing Ø 34
Ventile/Zylinder	0	0	0	0
Verdichtung	14:1	13:1	11:1	11:1
Kühlung	Luft	Luft	Luft	Luft
Zündung	kontaktlos, Thyristor, 6 V / 35 W	kontaktlos, Thyristor, 6 V / 35 W	kontaktlos, Thyristor, 6 V / 35 W	kontaktlos, Thyristor, 6 V / 35 W
Leistung (PS bei U/min)	24,5/9800	23/9200	28/8800	27/8500
Kraftübertragung				
Anz. Gänge	6	7	6	7
Kupplung	Mehrscheiben im Ölbad	Mehrscheiben im Ölbad	Mehrscheiben im Ölbad	Mehrscheiben im Ölbad
Hinterradantrieb	Kette	Kette	Kette	Kette
Starter	Kick	Kick	Kick	Kick
Fahrwerk				
Rahmen	Doppelschleifen-Rohrrahmen	Doppelschleifen-Rohrrahmen	Doppelschleifen-Rohrrahmen	Doppelschleifen-Rohrrahmen
Vorderradfederung	hydr. ged. Telegabel	hydr. ged. Telegabel	hydr. ged. Telegabel	hydr. ged. Telegabel
Hinterradfederung	Schwinge mit hydr. ged. Federbeinen	Schwinge mit hydr. ged. Federbeinen	Schwinge mit hydr. ged. Federbeinen	Schwinge mit hydr. ged. Federbeinen
Vorderradbremse	Trommel 140 mm	Trommel 140 mm	Trommel 140 mm	Trommel 140 mm
Hinterradbremse	Trommel 140 mm	Trommel 140 mm	Trommel 140 mm	Trommel 140 mm
Vorderradreifen	3.00-21	3.00-21	3.00-21	3.00-21
Hinterradreifen	4.00-18	4.00-18	4.50-18	4.50-18
Allgemeine Daten				
Leergewicht (kg)	90	90	97	97
Tankinhalt (l)	8,5	8,5	9,5	9,5
Höchstgeschw. (km/h)	Einsatzabhänging	Einsatzabhänging	Einsatzabhänging	Einsatzabhänging

Jahr	1976–1977	1976–1977	1976–1977	1976–1977
Modell	Silver Vase ER 250	Silver Vase ES 250 7V	Cross Replica 125	250 Cross 7V
Motor				
Hubraum (cm^3)	248	248	123	248
Zylinder	1	1	1	1
Bohrung x Hub (mm)	72 x 61	72 x 61	54 x 54	72 x 61
Arbeitsweise	Zweitakt	Zweitakt	Zweitakt	Zweitakt
Steuerung	Schlitz	Schlitz	Schlitz	Schlitz
Gemischaufbereitung	Bing Ø 36	Bing Ø 38	Bing Ø 32	Bing Ø 38
Ventile/Zylinder	0	0	0	0
Verdichtung	10:1	10,5:1	14:1	10,5:1
Kühlung	Luft	Luft	Luft	Luft
Zündung	kontaktlos, Thyristor, 6 V / 35 W	kontaktlos, Thyristor, 6 V / 35 W	kontaktlos, Thyristor,	kontaktlos, Thyristor, 6 V / 35 W
Leistung (PS bei U/min)	33/7300	35/7500	24/11500	36/7700
Kraftübertragung				
Anz. Gänge	7	7	6	7
Kupplung	Mehrscheiben im Ölbad	Mehrscheiben im Ölbad	Mehrscheiben im Ölbad	Mehrscheiben im Ölbad
Hinterradantrieb	Kette	Kette	Kette	Kette

Starter	Kick	Kick	Kick	Kick
Fahrwerk				
Rahmen	Doppelschleifen-Rohrrahmen	Doppelschleifen-Rohrrahmen	Doppelschleifen-Rohrrahmen	Doppelschleifen-Rohrrahmen
Vorderradfederung	hydr. ged. Telegabel	hydr. ged. Telegabel	hydr. ged. Telegabel	hydr. ged. Telegabel
Hinterradfederung	Schwinge mit hydr. ged. Federbeinen	Schwinge mit hydr. ged. Federbeinen	Schwinge mit hydr. ged. Federbeinen	Schwinge mit hydr. ged. Federbeinen
Vorderradbremse	Trommel 140 mm	Trommel 140 mm	Trommel 136 mm	Trommel 140 mm
Hinterradbremse	Trommel 140 mm	Trommel 140 mm	Trommel 150 mm	Trommel 140 mm
Vorderradreifen	3.00-21	3.00-21	3.00-21	3.00-21
Hinterradreifen	4.50-18	4.50-18	4.00-18	4.50-18
Allgemeine Daten				
Leergewicht (kg)	100	100	86	90
Tankinhalt (l)	9,5	9,5	8,5	8,5
Höchstgeschw. (km/h)	Einsatzabhänging	Einsatzabhänging	Einsatzabhänging	Einsatzabhänging

Jahr	1977–1979	1977–1979	1977–1979	1977–1979	1977–1979
Modell	RS 125 GS	RS 125 MC	RS 175 GS	RS 250 GS	RS 250 MC
Motor					
Hubraum (cm³)	124	124	174	247	247
Zylinder	1	1	1	1	1
Bohrung x Hub (mm)	54 x 54	54 x 54	62 x 57,5	74 x 57,5	74 x 57,5
Arbeitsweise	Zweitakt	Zweitakt	Zweitakt	Zweitakt	Zweitakt
Steuerung	Einlassdrehschieber	Einlassdrehschieber	Einlassdrehschieber	Einlassdrehschieber	Einlassdrehschieber
Gemischaufbereitung	Bing Ø 32	Bing Ø 32	Bing Ø 32	Bing Ø 36	Bing Ø 36
Ventile/Zylinder	0	0	0	0	0
Verdichtung	15:1	15:1	15:1	14:1	14:1
Kühlung	Luft	Luft	Luft	Luft	Luft
Zündung	kontaktlos, Thyristor, 6 V / 35 W	kontaktlos, Thyristor	kontaktlos, Thyristor, 6 V / 35 W	kontaktlos, Thyristor, 6 V / 35 W	kontaktlos, Thyristor
Leistung (PS bei U/min)	26/k. A.	26/k. A.	27/k. A.	36/k. A.	36/k. A.
Kraftübertragung					
Anz. Gänge	6	6	5	5	5
Kupplung	Mehrscheiben im Ölbad	Mehrscheiben im Ölbad	Mehrscheiben im Ölbad	Mehrscheiben im Ölbad	Mehrscheiben im Ölbad
Hinterradantrieb	Kette	Kette	Kette	Kette	Kette
Starter	Kick	Kick	Kick	Kick	Kick
Fahrwerk					
Rahmen	Doppelschleifen-Rohrrahmen	Doppelschleifen-Rohrrahmen	Doppelschleifen-Rohrrahmen	Doppelschleifen-Rohrrahmen	Doppelschleifen-Rohrrahmen
Vorderradfederung	hydr. ged. Telegabel	hydr. ged. Telegabel	hydr. ged. Telegabel	hydr. ged. Telegabel	hydr. ged. Telegabel
Hinterradfederung	Schwinge mit hydr. ged. Federbeinen	Schwinge mit hydr. ged. Federbeinen	Schwinge mit hydr. ged. Federbeinen	Schwinge mit hydr. ged. Federbeinen	Schwinge mit hydr. ged. Federbeinen
Vorderradbremse	Trommel 150 mm	Trommel 150 mm	Trommel 150 mm	Trommel 150 mm	Trommel 150 mm
Hinterradbremse	Trommel 150 mm	Trommel 150 mm	Trommel 150 mm	Trommel 150 mm	Trommel 150 mm
Vorderradreifen	3.00-21	3.00-21	3.00-21	3.00-21	3.00-21
Hinterradreifen	4.00-18	4.00-18	4.50-18	4.50-18	4.50-18
Allgemeine Daten					
Leergewicht (kg)	120	90	120	120	104
Tankinhalt (l)	9	7,5	9	9	7,5
Höchstgeschw. (km/h)	Einsatzabhänging	Einsatzabhänging	Einsatzabhänging	Einsatzabhänging	Einsatzabhänging

Jahr	1977–1979	1977–1979
Modell	125 TL	320 TL
Motor		
Hubraum (cm³)	124	277
Zylinder	1	1
Bohrung x Hub (mm)	54 x 54	76 x 61
Arbeitsweise	Zweitakt	Zweitakt
Steuerung	Einlassdrehschieber	Einlassdrehschieber
Gemischaufbereitung	Bing Ø 22	Bing Ø 26
Ventile/Zylinder	0	0
Verdichtung	9,7:1	8:1
Kühlung	Luft	Luft
Zündung	kontaktlos, Thyristor, 6 V / 35 W	kontaktlos, Thyristor, 6 V / 35 W
Leistung (PS bei U/min)	11,5/7000	17/6400
Kraftübertragung		
Anz. Gänge	6	6
Kupplung	Mehrscheiben im Ölbad	Mehrscheiben im Ölbad
Hinterradantrieb	Kette	Kette
Starter	Kick	Kick
Fahrwerk		
Rahmen	Doppelschleifen-Rohrrahmen	Doppelschleifen-Rohrrahmen
Vorderradfederung	hydr. ged. Telegabel	hydr. ged. Telegabel
Hinterradfederung	Schwinge mit hydr. ged. Federbeinen	Schwinge mit hydr. ged. Federbeinen
Vorderradbremse	Trommel 125 mm	Trommel 125 mm
Hinterradbremse	Trommel 125 mm	Trommel 125 mm
Vorderradreifen	2.75-21	2.75-21
Hinterradreifen	4.00-18	4.00-18
Allgemeine Daten		
Leergewicht (kg)	80	82
Tankinhalt (l)	4,5	7,5
Höchstgeschw. (km/h)	Einsatzabhänging	Einsatzabhänging

Kapitel 29

Testi

Erio Testi (1933–2008), der Sohn von Umberto Testi, dem Gründer des gleichnamigen Radsportunternehmens, half bei seinem Vater in der Werkstatt und machte sich so früh mit der Zweiradmechanik vertraut. 1953 nahm er eine Stellung bei einem österreichischen Vertreter von Fichtel & Sachs an, um die kleinen Zweitaktmotoren mit 50 cm^3 Hubraum kennenzulernen, die gerade begannen, in Mopeds, Mockicks und Kleinkrafträdern die Welt zu erobern. Nach seiner Rückkehr nach Italien trug er mit seinem erworbenen Wissen zur Gründung des Kleinmotoren-Herstellers Motori Minarelli bei.

Erio Testi übernahm 1958 die Leitung des Familienunternehmens Motocicli Testi in San Lazzaro di Savena, in der Nähe von Bologna, von seinem Vater und begann hochwertig verarbeitete und leistungsstarke Fünfziger mit eben diesen Minarelli-Motoren zu bauen. Erst Mitte der 70er Jahre erweiterte Testi sein Modellprogramm um zwei 125er – ebenfalls mit Minarelli-Motoren.

Mit diesem Programm gelang es Testi, ein bemerkenswertes Produktionsniveau zu erreichen, das in den besten Zeiten 30.000 Einheiten pro Jahr erreichte, von denen die meisten für den Export in die USA bestimmt waren oder von der Tochtergesellschaft Gitane-Testi direkt in Frankreich gebaut wurden.

Der Versuch, ab 1984 eine große Zweiradproduktion in China aufzuziehen, scheiterte kläglich und infolge der damit eingefahrenen finanziellen Verluste musste Testi in Italien Konkurs anmelden.

Die Testi-Modelle im Überblick

Easy Raider 125	**1974–1978**	
1-Zyl.-2-Takt	123 cm^3	14 PS / 6800 U/min
Corsa 2000	**1974–1978**	
1-Zyl.-2-Takt	123 cm^3	16 PS / 8000 U/min

> **Dass auch Testi vor allem für den amerikanischen Markt entwickelte und produzierte, zeigte das 1974 erschienene Modell »Easy Raider« mit einem 125er Zweitaktmotor von Minarelli. Es fehlte eigentlich nur der nach oben gezogene Auspuff. Die Maschine blieb nahezu unverändert fast fünf Jahre lang im Programm.**

> Ebenso lange blieb die mit dem gleichen, aber ein wenig in der Leistung gesteigerten Motor bestückten Corsa 2000 im Programm. Ein sehr ungewöhnliches Konzept für eine 125er Straßenmaschine, vom US-amerikanischen Importeur aber extra so gewollt.

Jahr	1974–1978	1974–1978
Modell	Easy Raider 125	Corsa 2000
Motor		
Hubraum (cm³)	123	123
Zylinder	1	1
Bohrung x Hub (mm)	55 x 52	55 x 52
Arbeitsweise	Zweitakt	Zweitakt
Steuerung	Schlitz	Schlitz
Gemischaufbereitung	Dellorto Ø 25	Dellorto Ø 27
Ventile/Zylinder	0	0
Verdichtung	9;3:1	12:1
Kühlung	Luft	Luft
Zündung	Schwunglicht-Magnet 6 V / 33 W	Schwunglicht-Magnet 6 V / 33 W
Leistung (PS bei U/min)	14/6800	16/8000
Kraftübertragung		
Anz. Gänge	5	5
Kupplung	Mehrscheiben im Ölbad	Mehrscheiben im Ölbad
Hinterradantrieb	Kette	Kette
Starter	Kick	Kick
Fahrwerk		
Rahmen	Doppelschleifen-Rohrrahmen	Doppelschleifen-Rohrrahmen
Vorderradfederung	hydr. ged. Telegabel	hydr. ged. Telegabel
Hinterradfederung	Schwinge mit hydr. ged. Federbeinen	Schwinge mit hydr. ged. Federbeinen
Vorderradbremse	Trommel 160 mm	Scheibe
Hinterradbremse	Trommel 140 mm	Trommel 140 mm
Vorderradreifen	2.50-17	2.50-17
Hinterradreifen	3.00-17	3.00-17
Allgemeine Daten		
Leergewicht (kg)	82	85
Tankinhalt (l)	12	10
Höchstgeschw. (km/h)	120	130

Kapitel 30
Villa

Francesco Villa (1933–2020) begann 1955 bei Ducati in Bologna unter der Leitung von Dr.-Ing. Fabio Taglioni als Mechaniker in der Rennabteilung. Schnell wurde sein rennfahrerisches Talent entdeckt und schon 1955 wurde Villa italienischer Meister in der Klasse bis 100 cm³. 1961 wechselte Villa zu Mondial, holte sich einige italienische Straßenmeisterschaften in den Klassen bis 125 und bis 175 cm³ und baute für seinen Bruder Walter, dem späteren Weltmeister, eine 125er auf, der damit dann 1965 auch prompt italienischer Meister wurde.
Francesco Villa verließ danach im Streit mit seinem Boss Mondial und fuhr 1966 einige Rennen auf einer Eigenbaumaschine. Mit dieser Konstruktion war 1966 faktisch die Firma Moto Villa entstanden, die zunächst für Montesa weitere 125er und 250er Straßenrennmaschinen aufbaute, mit denen auch er selbst und sein Bruder diverse Siege einfahren konnten.
1972 beendete Francesco Villa seine eigene Rennfahrerkarriere und konzentrierte sich auf die Konstruktion und den Bau von Offroad-Motorrädern. Aber auch kleine Straßenmodelle und Mopeds kamen hinzu. Hier sah Villa noch die Chance, der übermächtigen Motorradmacht aus Japan Paroli bieten zu können. Er beendete seine Importeurstätigkeit für Montesa und zog mit seiner Firma 1974 von Modena nach Crespellano bei Bologna. Schon Ende 1973 mit einer Kleinserie 125er mit Franco-Morini-Motoren beginnend, wurde die Produktion stetig mit neuen Modellen, die auch in den Export gingen, erweitert.
Ab 1981 bot Villa auch wieder Grand-Prix-Rennmaschinen an, mit denen unter anderem Luca Cadalora und Vittorio Gibertini ihre ersten Sporen verdienten. Auch hier der japanischen Übermacht weichend, beendete Villa 1987 den Bau eigener Motorräder.

Die Villa-Modelle im Überblick

125 Cross	**1973–1976**	
1-Zyl.-2-Takt	123 cm³	22 PS / 9800 U/min
125 Enduro	**1974–1976**	
1-Zyl.-2-Takt	123 cm³	16,5 PS / 8000 U/min
450 Cross	**1973–1976**	
1-Zyl.-2-Takt	442 cm³	42 PS / 7000 U/min
450 Regolarità	**1974–1976**	
1-Zyl.-2-Takt	442 cm³	42 PS / 7000 U/min
250 Cross	**1974–1976**	
1-Zyl.-2-Takt	247 cm³	36 PS / 7400 U/min
350 Cross	**1974–1976**	
1-Zyl.-2-Takt	349 cm³	38 PS / 7000 U/min
CR 250	**1977–1979**	
1-Zyl.-2-Takt	247 cm³	36 PS / 7400 U/min
CR 360	**1977–1979**	
1-Zyl.-2-Takt	354 cm³	39,5 PS / 7000 U/min
SD 250	**1977–1979**	
1-Zyl.-2-Takt	247 cm³	36 PS / 7400 U/min
SD 350	**1977–1979**	
1-Zyl.-2-Takt	344 cm³	40 PS / 7800 U/min
Everest 348 Trial	**1977–1979**	
1-Zyl.-2-Takt	310 cm³	20 PS / 6800 U/min

> Villas Schwerpunkt lag Mitte der 1970er Jahre eindeutig auf dem Moto-Cross-Sektor, wo er versuchte, konkurrenzfähige Wettbewerbsmaschinen anzubieten. Für diese 125er »Enduro«, deren Morini-Motor 16 PS leistete, konnte man das sicherlich nicht behaupten.

VILLA

> Die erste, ab Ende 1973 in größeren Stückzahlen von Villa produzierte 125er Moto-Cross-Maschine mit einem Zweitakter von Franco Morini. Villa hatte für seine Fertigung auch Motoren von Zündapp und Sachs getestet, die ihm nach eigener Aussage aber zu schwach und zu unzuverlässig waren. Die wahren Gründe für die Ablehnung der deutschen Triebwerke dürften woanders gelegen haben.

> Für die Halbliter-Klasse in nationalen Wettbewerben aber auch bei der Moto-Cross-WM bot Villa ab Ende 1973 auch eine Cross-Maschine mit 442 cm³ Hubraum und 42 PS an. Einen so großen Zweitakt-Single zu beherrschen, war nicht jedermanns Sache – wer es konnte, war ganz vorne mit dabei. Auf der Basis dieser Maschine gab es etwas später auch eine wettbewerbsfähige Enduro.

> Die 125er Cross-Maschine von Villa aus der Saison 1975. Längere Federwege und geändertes Design bei unveränderten Leistungsdaten des Morini-Zweitaktmotors.

> Die 1975er Ausführung der Moto-Cross-Maschine mit 442 cm³ Hubraum. Im Gegensatz zu den 125ern, die weiterhin von Franco Morini bezogen wurden, baute Francesco Villa die hubraumstärkeren Zeitakter mit Schlitzsteuerung selbst.

> Ende 1974 brachte Villa auch noch eine 250er und eine 350er Cross-Maschine auf die internationalen Märkte. Beide Motoren stammten von Villa, dabei erhielt der 250er Zweitakter ein neues Bohrung-Hub-Verhältnis, während für den 350er Single die Bohrung des 450er Zylinders von 85 auf 75,5 mm reduziert wurde.

> Nach 1976 bot Moto Villa mit den Modellen CR 250 und CR 360 (siehe Bild am Kapiteleingang) nur noch zwei Moto-Cross-Maschinen für die Viertel- und Halbliter-Klasse an. Bei den 125ern hatte sich Francesco Villa, vorerst – der japanischen Übermacht, vor allem aus dem Hause Suzuki – gebeugt.

> Ein paar versprengte Teilnehmer auf Moto Villa bei den Internationalen Sechstagefahrten 1977 und 1978 genügten der Firma aus Pragatto di Crespellano, ihre Wettbewerbsenduros mit der Bezeichnung SD für Six Days zu versehen und auf den internationalen Märkten anzubieten.

> Da die Klasse bis 350 cm³ bei internationalen Geländesport-Wettbewerben deutlich geringer besetzt war wie die 250er oder gar die 500er, erhoffte sich Villa mit dieser Maschine mithalten zu können, was aber nur bedingt gelang.

> Gegen Ende der 1970er Jahre versuchten sich einige italienische Hersteller auch im Bau von Trial-Maschinen. Auch Moto Villa versuchte mit dem Modell »Everest« der übermächtigen spanischen Konkurrenz einen echten »Bergsteiger« entgegenzusetzen.

Jahr	1973–1976	1973–1976	1973–1976	1974–1976	1974–1976	1974–1976
Modell	125 Cross	125 Regolaritá	450 Cross	450 Regolaritá	250 Cross	350 Cross
Motor						
Hubraum (cm³)	123	123	442	442	247	349
Zylinder	1	1	1	1	1	1
Bohrung x Hub (mm)	54 x 54	54 x 54	85 x 78	85 x 78	k. A.	k. A.
Arbeitsweise	Zweitakt	Zweitakt	Zweitakt	Zweitakt	Zweitakt	Zweitakt
Steuerung	Schlitz	Schlitz	Schlitz	Schlitz	Schlitz	Schlitz
Gemischaufbereitung	Dellorto Ø 32	Dellorto Ø 27	Dellorto Ø 38	Dellorto Ø 38	Dellorto Ø 36	Dellorto Ø 36
Ventile/Zylinder	0	0	0	0	0	0
Verdichtung	9:1	9:1	10:1	10:1	10:1	10:1
Kühlung	Luft	Luft	Luft	Luft	Luft	Luft
Zündung	kontaktlos, Thyristor	kontaktlos, Thyristor	kontaktlos, Thyristor	kontaktlos, Thyristor	kontaktlos, Thyristor	kontaktlos, Thyristor
Leistung (PS bei U/min)	22/9800	16,5/8000	42/7000	42/7000	36/7400	38/7000
Kraftübertragung						
Anz. Gänge	6	5	5	5	5	5
Kupplung	Mehrscheiben im Ölbad	Mehrscheiben im Ölbad	Mehrscheiben im Ölbad	Mehrscheiben im Ölbad	Mehrscheiben im Ölbad	Mehrscheiben im Ölbad
Hinterradantrieb	Kette	Kette	Kette	Kette	Kette	Kette
Starter	Kick	Kick	Kick	Kick	Kick	Kick
Fahrwerk						
Rahmen	Doppelschleifen-Rohrrahmen	Doppelschleifen-Rohrrahmen	Doppelschleifen-Rohrrahmen	Doppelschleifen-Rohrrahmen	Doppelschleifen-Rohrrahmen	Doppelschleifen-Rohrrahmen
Vorderradfederung	hydr. ged. Telegabel	hydr. ged. Telegabel	hydr. ged. Telegabel	hydr. ged. Telegabel	hydr. ged. Telegabel	hydr. ged. Telegabel
Hinterradfederung	Schwinge mit hydr. ged. Federbeinen	Schwinge mit hydr. ged. Federbeinen	Schwinge mit hydr. ged. Federbeinen	Schwinge mit hydr. ged. Federbeinen	Schwinge mit hydr. ged. Federbeinen	Schwinge mit hydr. ged. Federbeinen
Vorderradbremse	Trommel 135 mm	Trommel 135 mm	Trommel	Trommel	Trommel	Trommel
Hinterradbremse	Trommel 135 mm	Trommel 135 mm	Trommel	Trommel	Trommel	Trommel
Vorderradreifen	2.50-21	2.50-21	2.75-21	2.75-21	2.75-21	2.75-21
Hinterradreifen	3.50-18	3.50-18	4.00-18	4.00-18	4.00-18	4.00-18
Allgemeine Daten						
Leergewicht (kg)	85	85	97	97	97	97
Tankinhalt (l)	7	7	11	11	11	11
Höchstgeschw. (km/h)	einsatzabhängig	k. A.	einsatzabhängig	k. A.	einsatzabhängig	einsatzabhängig

Jahr	1977–1979	1977–1979	1977–1979	1977–1979	1977–1979
Modell	CR 250	CR 360	SD 250	SD 350	Everest 348 Trial
Motor					
Hubraum (cm³)	247	354	247	344	310
Zylinder	1	1	1	1	1
Bohrung x Hub (mm)	70 x 64	k. A.	70 x 64	80 x 68	76 x 68
Arbeitsweise	Zweitakt	Zweitakt	Zweitakt	Zweitakt	Zweitakt
Steuerung	Schlitz	Schlitz	Schlitz	Schlitz	Schlitz
Gemischaufbereitung	Bing Ø 36	Bing Ø 34	Bing Ø 36	Bing Ø 34	Dellorto Ø 38
Ventile/Zylinder	0	0	0	0	0
Verdichtung	10:1	10:1	10:1	k. A.	k. A.
Kühlung	Luft	Luft	Luft	Luft	Luft
Zündung	kontaktlos, Thyristor	kontaktlos, Thyristor	kontaktlos, Thyristor, 6 V / 35 W	kontaktlos, Thyristor	kontaktlos, Thyristor, 6 V / 18 W
Leistung (PS bei U/min)	36/7400	39,5/7000	36/7400	40/7800	20/6800

Weiter auf nächster Seite >

Kraftübertragung					
Anz. Gänge	5	5	5	5	5
Kupplung	Mehrscheiben im Ölbad	Mehrscheiben im Ölbad	Mehrscheiben im Ölbad	Mehrscheiben im Ölbad	Mehrscheiben im Ölbad
Hinterradantrieb	Kette	Kette	Kette	Kette	Kette
Starter	Kick	Kick	Kick	Kick	Kick
Fahrwerk					
Rahmen	Doppelschleifen-Rohrrahmen	Doppelschleifen-Rohrrahmen	Doppelschleifen-Rohrrahmen	Doppelschleifen-Rohrrahmen	Doppelschleifen-Rohrrahmen
Vorderradfederung	hydr. ged. Telegabel	hydr. ged. Telegabel	hydr. ged. Telegabel	hydr. ged. Telegabel	hydr. ged. Telegabel
Hinterradfederung	Schwinge mit hydr. ged. Federbeinen	Schwinge mit hydr. ged. Federbeinen	Schwinge mit hydr. ged. Federbeinen	Schwinge mit hydr. ged. Federbeinen	Schwinge mit hydr. ged. Federbeinen
Vorderradbremse	Trommel 150 mm	Trommel 150 mm	Trommel 140 mm	Trommel 140 mm	Trommel 120 mm
Hinterradbremse	Trommel 150 mm	Trommel 150 mm	Trommel 140 mm	Trommel 140 mm	Trommel 120 mm
Vorderradreifen	3.00-21	3.00-21	3.00-21	3.00-21	2.75-21
Hinterradreifen	4.50-18	4.50-18	4.00-18	4.50-18	4.00-18
Allgemeine Daten					
Leergewicht (kg)	96	96	100	105	90
Tankinhalt (l)	9	9	11	11	6
Höchstgeschw. (km/h)	einsatzabhängig	einsatzabhängig	k. A.	k. A.	einsatzabhängig